商业空间设计（增补版）

吴卫光 主编　王晖 编著

上海人民美術出版社

图书在版编目（CIP）数据

商业空间设计：增补版 / 王晖编著.—上海：上海人民美术
出版社，2021.12 （2024.3 重印）
ISBN 978-7-5586-2236-6

Ⅰ.①商... Ⅱ.①王... Ⅲ.①商业建筑-室内装饰设计
Ⅳ.①TU247

中国版本图书馆CIP数据核字（2021）第233161号

商业空间设计（增补版）

主　　编: 吴卫光

编　　著: 王　晖

统　　筹: 姚宏翔

责任编辑: 丁　雯

流程编辑: 孙　铭

封面设计: 林家驹

版式设计: 胡思颖

技术编辑: 史　湧

出版发行: 上海人民美术出版社

　　　　　（地址：上海市闵行区号景路159弄A座7F　邮编：201101）

印　　刷: 上海颛辉印刷厂有限公司

开　　本: 889×1194　1/16　9印张

版　　次: 2022年1月第1版

印　　次: 2024年3月第3次

书　　号: ISBN 978-7-5586-2236-6

定　　价: 65.00元

序言

　　培养具有创新能力的应用型设计人才，是目前我国高等院校设计学科下属各专业人才培养的基本目标。一方面，这个基本目标，是由设计学的学科性质所决定的。设计学是一门综合性的学科，兼有人文学科、社会科学与自然科学的特点，涉及精神与物质两个方面的考虑。从"设计"这个词的语源来看，创新与应用是其题中应有之义。尤其在高科技和互联网已经深入到我们生活中每一个细节的今天，设计再也不是"纸上谈兵"，一切设计活动都与创造直接或间接的经济利益和物质财富紧密相关。另一方面，这个目标，也是 21 世纪以来高等设计专业教育所形成的一种新型的人才培养模式.在从"中国制造"向"中国创造"转型的今天，早已在全国各地高等院校生根开花的设计专业教育，已经做好了培养创新型人才的准备。

　　本套教材的编写，正是以培养创新型的应用人才为指导思想。

　　鉴此，本套教材极为强调对设计原理的系统解释。我们既重视对当今成功设计案例的批评与分析，更注重对设计史的研究，对以往的历史经验进行总结概括，在此基础上提炼出设计自身所具有的基本原则和规律，揭示具有普遍性、系统性和对设计实践具有切实指导意义的设计原理。其实，这已经是设计专业教育的共识了。本套教材希望将设计的基本原理、系统方法融汇到课程教学的各个环节，在此基础上，以原理解释来开发学生的设计思维，并且指导和检验学生在课程教学中所进行的一系列设计练习。

　　设计的历史表明，推动设计发展的动力，通常来自社会生活的需求和科学技术的进步，设计的创新建立在这两个起点之上。本套教材的另一个特点，便是引导学生认识到设计是对生活问题的解决，学会利用新的科学技术手段来解决社会生活中的问题。本套教材，希望培养起学生对生活的敏感意识，对生活的关注与研究兴趣，对新的科学技术的学习热情，对精神与物质两方面进行综合思考的自觉，最终真正将创新与应用落到实处。

　　本套教材的编写者，都是全国各高等设计院校长期从事设计专业的一线教师，我们在上述教学思想上达成共识，共同努力，力求形成一套较为完善的设计教学体系。

吴卫光

于 2016 年教师节

目录 Contents

序言 003

Chapter 1
概论

一、商业空间的发展沿革 010

二、现代商业的形态 011

三、现代商业空间的类型 012

四、商品、销售行为及消费心理 015

五、体验式消费 019

Chapter 2
商业空间的空间构成

一、商业空间的基本空间形态 022

二、商业空间的序列组合 026

三、商业空间处理手法 031

Chapter 3
商业动线

一、消费行为的动线设计 037

二、商业动线的分类 038

三、商业动线设计的技巧 042

Chapter

4

商业空间的艺术风格

一、商业空间艺术风格的形成 048

二、商业空间的主要艺术风格类型 050

Chapter

5

商业空间的色彩

一、商业空间色彩 059

二、商业空间中的色调 061

三、商业空间的配色要点 068

Chapter

6

商业空间的材质

一、结构材质 071

二、地面铺装材质 072

三、墙面铺装材质 074

四、天花板材质 077

五、材质选择的要点 078

Chapter 7

商业空间的照明

一、"光"的概述 080

二、光与灯具照明 082

三、灯具的种类、布置形式 085

四、商业空间照明设计应用 087

五、照明设计对商业空间的影响 089

Chapter 8

商业空间的展示道具及坐具

一、展示道具设施设计 093

二、商业空间中的坐具 098

Chapter 9

购物中心设计

一、购物中心的基本概念、基本特征 103

二、购物中心规划开发过程 106

三、购物中心的铺位布局规划与人流动线设计

.... 107

四、购物中心各空间的设计要素 111

Chapter
10
商铺设计

一、商铺的类型 117

二、商铺设计要点 118

Chapter
11
商业街设计

一、商业街的类型 124

二、商业街的布局组织与尺度 127

三、商业街的设计要点 130

Chapter
12
优秀学生作业

一、优秀学生作业 134

《商业空间设计》课程教学安排建议 144

Chapter 1
概论

一、商业空间的发展沿革 010

二、现代商业的形态 011

三、现代商业空间的类型 012

四、商品、销售行为及消费心理 015

五、体验式消费 019

理解商业空间的概念、发展过程、基本形态,以及现代商业空间的类型分类,了解消费行为及消费心理与商业空间的关系。

商业空间设计是围绕着"商品"和"销售服务"这两个核心因素而开展的。商业空间中的第一主体要素是"商品",而商业空间中的主要行为模式是"销售服务"。

商业是以货币为媒介进行交换,从而实现商品流通的经济活动。商业空间就是为商业活动提供有关设施、服务或产品,以满足其物质需求及精神需求的场所。在商业空间中,"商品"是第一核心要素,"销售服务"是主要行为模式,而"消费者"和"经营者"是主体。商业空间设计也是围绕着"商品"和"销售服务"这两个核心因素而开展的。

商品的特点、销售行为的不同、空间规模的大小以及地域习惯等因素的区别,造就了不同的商业空间类型和特点。现代的商业空间设计不仅仅要考虑商业销售行为中的各种功能需求,还要充分考虑消费者的行为动线等因素,更需要关注消费者有关商业活动的精神需求。

❶ 商业空间的沿革及主要功能组成。

一、商业空间的发展沿革

1. 历史起源

在原始社会时期,人类便开始从事各类商业活动,开始是以"以物易物""互通有无"的不定期交易方式进行,后来渐渐发展为定期的集市形式。这种集市的形成与人类生活方式或习惯(农事、宗教、习俗)等有密切关系,并逐渐以"赶集"和"庙会"等形式固定下来。而其中一些相对固定的货贩及客栈,则渐渐成为固定的商铺的原型,它们一般集中于渡口、驿站、通衢等交通要道处。

2. 现代商业的发展

商业活动由分散到集中,由流动的形式变成特定形式。商铺的固定带来了不同的行业种类:集镇或商业区。固定化的商业空间必然需要配备一定的

❶

商业设施，为来往的客人提供方便、促进交流，更好地配合商品交易。于是，相应的交通、住宿、其他休闲设施及货运、汇兑及通信等服务性的行业也随商业活动的需求而产生。现代商业活动的形式无论在形式上、规模上还是功能上、种类上都远远优于过去。

3. 电子商务的冲击

互联网在全球范围内的迅速发展，引发了一场以互联网进行交易的商业革命——"电子商务"。电子商务使整个商业活动实现"电子化"，商家和消费者在互联网、企业内部网和增值网上以电子交易方式展开交易活动和相关服务。电子商务对传统商业活动的价格体系、经营方式、管理模式等都产生了冲击，未来的商业空间势必发生一系列巨大的变化。

二、现代商业的形态

商业的雏形都是服务于日常生活的散点形态，如流动商贩、小食品店等。而随着经济发展和消费水平的提高，商业的形态也快速发展。现代商业形态通常以集聚的方式呈现，可大致分为散点状、单点状、条带状、团块状、混合状等几种形态。

1. 散点状形态

散点状形态的特点是中小型商铺呈散点分布，如人们日常居住的居民区、交通干道沿线的便利店、服务店、城市郊区的零星小店等。

2. 单点状形态

单点状形态的特点是大型综合性单体建筑，一般体现为百货大楼、大型超市、仓储商店等形式，在人们日常居住的居民区、城市郊区布局。

3. 条带状形态

条带状形态的特点是大型商业体沿商业街分布，通常为繁华地段的商业街或专营商业街，例如北京的王府井大街、上海的南京路商业街等等。

4. 团块状形态

团块状形态的空间特点是某个区域形成的大规模的综合专业批发市场，例如义乌小商品城、广州的站西路鞋业批发区等。

❷ 现代商业形态及特点图表。

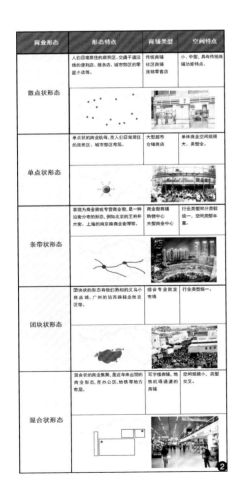

商业形态	形态特点	商铺类型	空间特点
散点状形态	人们日常居住的居民区、交通干道沿线的便利店、服务店、城市郊区的零星小店等。	传统商铺、社区商铺、连锁零售店	小、中型，具有传统商铺功能特点。
单点状形态	单点状的商业航母，在人们日常居住的居民区、城市郊区布局。	大型超市、仓储商店	单体商业空间规模大、类型全。
条带状形态	表现为商业街或专营商业街，是一种沿街分布的形态，例如北京的王府井大街、上海的南京路商业街等。	商业街商铺、购物中心、大型商业中心	行业类型和分类较统一，空间类型丰富。
团块状形态	团块状的形态有我们熟知的义乌小商品城、广州的站西路鞋业批发区等。	综合专业批发市场	行业类型统一。
混合状形态	混合状的商业集聚，是最近年来出现的商业形态，在办公区、地铁等地方布局。	写字楼商铺，地铁机场通道商铺	空间规模小、类型交叉。

5. 混合状形态

混合状的商业集聚,是近年来出现的商业形态。商业业态混合在办公空间、住宅空间及交通空间里,提供零售等服务,例如写字楼里的商铺、地铁机场通道的商铺等。

三、现代商业空间的类型

商品销售行为的不同、空间规模的大小,以及区域、行业的区别,造就了不同的商业空间类型和特点。现代商业空间大致可以分为大型综合商业中心、百货商场、批发市场、商业街、连锁专卖店、超级市场、零售便利店等。

1. 大型综合商业中心

大型综合商业中心基本营业面积在 10 万平方米左右,通常设立在城市中商业活动高度集中的密集之地,一般与城市交通网络连接紧密。大型综合商业中心集百货、超市、娱乐、餐饮、办公、公寓于一体,商品种类齐全,购物环境舒适整洁。大型综合商业中心还配备有餐饮、电影、卡拉 OK、儿童成长互动教育基地等生活设施,提供了一种"购物、体验、休闲娱乐一体化"的新消费生活模式。

2. 百货商场

百货商场基本营业面积在2.5万平方米以上,一般设在经济繁华的区域。百货商场的定位是生活化、综合化的商业业态。百货商场相比单一零售业态,具有多种功能和综合优势,消费者可以买到日常所需的生活用品、服装、食品等等。

❸ 具有视觉冲击力的大型商业中心中庭。

❹ 大型综合商业中心集百货、超市、娱乐、餐饮、办公、公寓于一体,成为城市区域地标。

3. 批发市场

批发市场的基本营业面积在2.5万平方米以上，批发商业是面向大批量购买者开展经营活动的一种商业形态。

大型批发市场一般设在商业聚集及交易频繁的地区，通常是交通物流便利的区域，如广州的火车站白马服装批发市场等。

批发市场多数经营生产分散、品种繁多、消费变化迅速的商品，如小百货、小五金、日常生活用品、文化用品等，具有较强的聚集效应和人气。

4. 商业街

商业街指一般在200米以上，由30家以上的各种专业商铺构成的综合性商业空间。商业街通常以入口至出口为中轴，街的两侧对称布局。商业街一般

❺ 百货商场的定位是生活化、综合化的商业业态。

❻ 批发市场面向大批量购买者，多数经营小百货、小五金等。

❼ 商业街的店铺门面、公共设施会按照一定风格，进行统一规划设计。

分为专业商业街和复合商业街。在专业商业街中，商铺往往集中经营某一类商品，如美食街、电器街等；而复合商业街，则为综合化的商业业态，可以买到多种商品。商业街的公共设施、店铺门面和招牌、休息设施通常会统一标准设计，而且有统一管理。

5. 连锁专卖店

连锁专卖店是一般营业面积在150~1000平方米左右，选址于繁华商业区，如商店、百货店或购物中心内，专门销售某品牌商品或者某一类商品的专业性零售店。随着社会分工的细化，各行业都有自己的连锁专卖店，商品的连锁专卖店可以传达某个产品的品牌形象及企业形象。

6. 超级市场

超级市场基本营业面积在500~4000平方米左右，店内货物一般陈列在开放式的货架上，由顾客自取而降低经营成本。超级市场是商业业态以零售为

❽ 连锁专卖店可以传达某个产品的品牌形象及企业形象。

❾ 超级市场的店内货物一般陈列在开放式的货架上，由顾客自取。

❿ 零售便利店一般设在社区或者写字楼密集的区域，呈散点状形态。

主，货品包括食品、日用品、厨浴用品、日用器皿、家用电器等的综合型商场。

7. 零售便利店

零售便利店是基本营业面积在60~100平方米左右，以经营食物饮料为主的小型商店，也兼售报刊、日用品、文具、药品等等。它一般设在社区或者写字楼密集的区域，呈散点状形态。也有24小时营业的零售便利店，为消费者提供了夜间购买生活用品的便利。

四、商品、销售行为及消费心理

商业空间中的第一主体要素是"商品"，商品的性质包括了形态、价格、类型等因素。商业空间中的主要行为模式是"销售服务"，包括了消费者和服务员的行为及心理活动。可以说商业空间设计是围绕着"商品"和"销售服务"这两个核心因素而开展的。

1."商品"是商业空间的第一要素

"商品"是商业空间设计中的"主角"，商业空间设计的核心目的，都是为了更好地展示商品、更好地销售商品。"商品"的许多相关的因素都要被仔细地

⓫ 珠宝展示的专门展示道具。

⓬ 硬质外壳的商品如汽车、电器等，可以独立陈列。

⓭ 软质外壳的商品需要由专门的展示设施来支撑。

考虑，如商品的形态、商品的陈列方式、商铺的布局方式等等。

（1）商品的形态

商品的形态有"大小""软硬"之分，不同的商品形态需要用不同设计手法进行展示。

大型或者硬质外壳商品包括汽车、电器产品等，其本身是硬质外壳，可以独立陈列，如汽车展示店，以环绕型空间衬托为主，不会做太多的围合构建。

小型或者软质外壳商品包括服装成衣和家纺产品、珠宝手表、食品等，需要由专门的展示设施支撑，一方面可以保护商品，另一方面也方便将商品展示给消费者。

一般来说，商品自身硬质越高，对空间的依附性越小。反之，自身软质外壳的商品则需要设计展示设施进行支撑。

（2）商品的陈列

有效的商品陈列可以激发消费者的购买欲，并促使其采取购买行动。做好商品陈列必须遵循一些基本原则，包括商品项目、销售额与陈列空间大小、

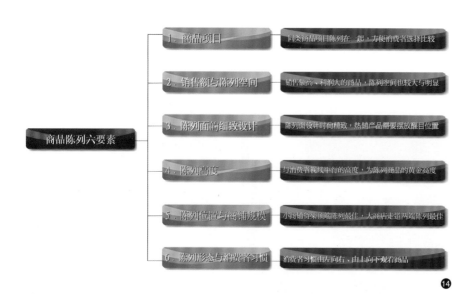

⑭

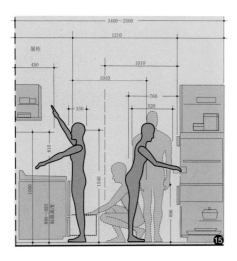

⑮

⑯

⑭ 商品陈列的六要素分析图。

⑮ 商品陈列架的人因工程学数据图。

⑯ 经过细致设计的服装陈列展示形式。

陈列面的精致设计、陈列高度、陈列位置与商铺规模的关系、陈列形态与消费者习惯等六个方面。

2. 消费心理与商业空间

消费心理是指消费者发生的一切心理活动，以及由此推动的行为动作，包括消费者观察商品、搜集商品信息、选择商品品牌、决策购买、使用商品形成心理感受和心理体验、向生产经营单位提供信息反馈等。

消费心理活动，大致可分为三个阶段。

（1）认知过程

认识商品、了解服务是消费行为的前提。商品的包装、陈列以及商业空间的装饰等，对消费者的进一步行动起到重要作用。在这个过程中，商品本身和空间环境起到诱导作用。如舒适美观的空间装饰、以人为本的服务体系、生动别致的橱窗展示、商品的陈列、品牌以及广告宣传效应等，都应使消费者感到身心愉悦，产生消费的欲望。

（2）情感过程

在认知的基础上，消费者经过一系列的比较、分析、思考，直到做出判断的心理过程。消费者在消费过程中，存在着比较、选择的过程，而这一过程的满足则能够促进消费的形成，这说明购物环境中存在着比较、选择可能的重要性。所以大型的购物环境中应具备多家商店、多种品牌、多种商品、多方面信息等，以便产生商业聚集效应。

（3）意志过程

通过认知和情感的心理过程，消费者有了明确的购买目的，最终实现购买的心理决定过程。

⓱ "母婴消费"成为主流消费模式，女性更加注重消费时的"情感过程"。

⓲ 消费心理过程分析及环境因素的影响。

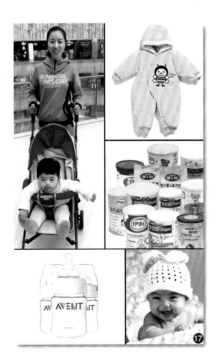

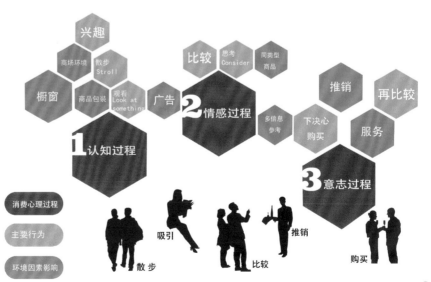

3. 销售服务与商业空间

❶⓽ 销售服务过程的六个阶段。

⓴ 销售服务过程分析及环境因素的影响。

销售服务是企业在产品销售活动过程中为顾客提供的各种劳务服务行为的总称，是围绕着商品所展开的销售服务行为，也是商业空间中的主要行为模式。

通常而言，销售服务一般分为六个阶段。

第一阶段：消费者进入商店。消费者被广告或橱窗商品吸引而入店，服务员进行问候和迎接的过程。在这个阶段，影响消费者的环境因素为广告、橱窗等。

第二阶段：初步接触询问。服务员对消费者的信息进行观察，对其需求进行初步询问的过程。这一阶段影响消费者的环境因素为商品的价格、类型及陈列量等。

第三阶段：商品介绍。服务员了解消费者需求后，向消费者介绍品牌、商

消费者进入商店	消费者被广告或橱窗商品吸引进入商店，服务员进行问候和迎接的过程。
初步接触询问	服务员对顾客的信息进行观察，对其需求进行初步询问的过程。
商品介绍	服务员了解消费者需求后，向消费者介绍品牌、商品及优惠活动的过程。
推荐试用	服务员向消费者推荐商品，协助消费者试用商品，获取试用后的评价，附加推销直到消费者做出购买或放弃购买的决定。
收款包装	服务员对消费者进行开票、陪同交费、包装商品、说明洗涤保养以及后期保养等问题的服务。
恭送消费者	服务员附送赠品或消费券，表示感谢，恭送消费者离开商店。

⓵⓽

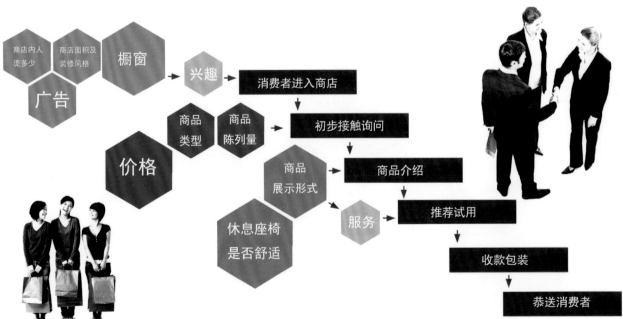

⓶⓪

品及优惠活动的过程。在这一阶段影响消费者的环境因素为休息环境的舒适程度、商品的展示形式等。

第四阶段：推荐试用。服务员向消费者推荐商品，协助消费者试用并获取评价，附加推销直至消费者做出购买或放弃购买的决定。这一阶段影响消费者的环境因素为与服务相关的因素。

第五阶段：收款包装。服务员对消费者进行开票、陪同交费、包装商品等服务。

第六阶段：恭送消费者。服务员附送赠品或消费券，表示感谢，并恭送消费者离开商店。

五、体验式消费

随着经济的迅速发展，消费者对原有商业空间模式的需求开始转变。另外，电子商务对传统商业活动也产生了很大冲击。现代消费者的消费模式逐渐由"需求导向"转变为"内生导向"，商业空间也渐渐从"纯销售空间"向"体验式消费"场所升级。

㉑"体验式消费"更注重消费者的参与、体验和感受。

1	原始的商业模型基于天然或生产所得，是产能导向的	业种 卖什么——货品
2	早期的商业模型由需求衍生出消费品定制，是需求导向的	业态 怎么卖——服务
3	目前即使增加了服务仍停留在外在，是绩效导向的	
4	全新的商业模型基于体验式消费，是内生导向的	体验 为何买——愉悦

人均GDP6000美元以上

㉑

消费者由仅为"需求"而消费，逐渐转变为以愉悦为目的的"体验式消费"模式。传统商业也由以零售为主的业态组合形式，转变为更注重消费者参与、体验和感受的体验式消费的业态组合形式。

体验式消费模式，通过发挥传播机能、诱导机能、演出机能，使商业空间成为消费空间、体验空间、交流空间，从而使消费者在消费过程中保持兴奋愉悦的状态。如体验式的大型综合商业中心配备有餐饮、电影、卡拉OK等生活设施，还会定期举办艺术展、文艺演出等等，提供了一种"购物、体验、休闲娱乐一体化"的新消费生活模式。

课堂思考

1. 现代商业的形态有哪几种？
2. 考察所在城市的繁华区域，整理出3~4种典型的商业空间类型，并做考察报告。

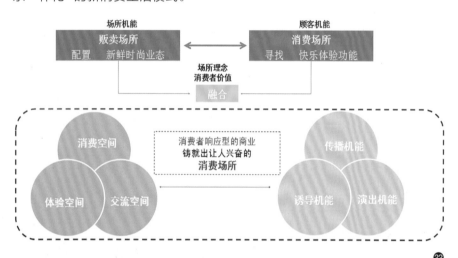

㉒

㉒ 通过发挥传播机能、诱导机能、演出机能，使商业空间成为消费空间、体验空间、交流空间。

㉓ 优秀的商业空间设计，能吸引消费者的注意力，从而引发其消费欲望。

Chapter 2
商业空间的空间构成

一、商业空间的基本空间形态 ……………………………………………… 022

二、商业空间的序列组合 …………………………………………………… 026

三、商业空间处理手法 ……………………………………………………… 031

理解商业空间的基本空间形态、空间序列组合,掌握初步的商业空间处理手法与方法。

本章重点讲述了商业空间的基本空间形态及组合构成关系:首先分析一些基础的空间形态对商业行为产生的影响,然后重点介绍满足商业行为的一些特定的空间组合构成关系。

商业空间的基本空间形态及组合构成关系,均源于最基本的空间构成变化规律。而特定的商业行为及消费心理介入,又使其具有明显的"商业"特点。本章着重讲述一些基础的空间形态对商业行为产生的影响和满足商业行为的一些特定的空间组合构成关系。

❷❹ 商业空间的基本空间形态图示。

一、商业空间的基本空间形态

1. 空间形态一: 设立

"设立"又称为中心限定,是以整个展示空间的中心为重点的陈列方法。把一些重要的、大型的商品放在展示中心的位置上突出展示,其他次要的小件商品在其周围辅助展示。

"设立"形态的特点是主题突出、简洁明快。一般在商铺入口处、中部或者底部不设置中央陈列架,而配置特殊陈列用的展台。它可以使顾客从四个方向观看到陈列的商品。"设立"形态产生空间核心区间和视觉中心,吸引顾客立即感知商业核心信息,产生强烈的购买欲望和新奇感受,最大限度地吸引消费者,还可用相关的导向系统指引客户到达。

2. 空间形态二: 围合

"围合"是指在大空间内用墙体或者半通透隔断方式,围隔出不同功能的小空间,这种封闭与开敞相结合的办法,在许多类型的商业空间中被广泛采用。

"围合"的手法可以把相对开放的展示区域与相对私密的沟通服务区域分隔开。不同的区域配合不同的营销和商品展示,使客户产生尊贵感,更好地专注于消费行为本身。

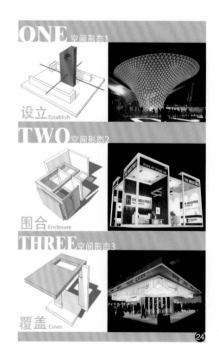

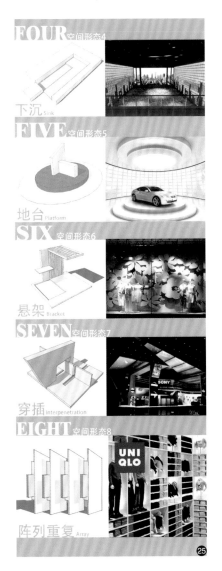

3. 空间形态三：覆盖

"覆盖"是指在开阔的区域规划出特定的区域，用天棚覆盖的方式，在大空间中形成半开放式的区间，营造集中、安全、亲密的空间感觉。"覆盖"分隔出来的空间，建筑上一般称为"灰空间"，适合在大空间中聚集人流，是人流停留率较高的一种空间形态。

4. 空间形态四：下沉

室内地面局部下沉，在统一的室内空间中就产生了一个界限明确、富于变化的独立空间。由于下沉地面标高比周围要低，因此有一种隐蔽感、保护感和宁静感，使其成为具有一定私密性的小天地。消费者在其中休息、交谈也倍觉亲切，较少受到干扰。同时随着视点的降低，消费者会感到空间增大。

5. 空间形态五：地台

将室内地面局部升高也能在室内产生一个边界十分明确的空间。地面升高形成一个台座，和周围空间相比变得十分醒目突出，因此它们适宜于惹人注目的展示和陈列或眺望。许多商店常利用地台式空间将最新产品布置在那里，使消费者一进店堂就可一目了然，很好地发挥了商品的宣传作用。

6. 空间形态六：悬架

用一些特殊的动态展架，使商品放在上面可以有规律地运动、旋转；还可以巧妙地运用灯光照明的变换效果使人产生静止物体动态化的感觉；巧妙变化和闪烁或是辅以动态结构的字体，能产生动态的感觉；此外也可在无流动特性的展品中增加流动特征。

7. 空间形态七：穿插

"穿插"是指把几个不同的形态，通过叠加、渗透、增减等手法组合出一个灵动、通透、有视觉冲击力的新形态。"穿插"的手法经常运用在商业空间的设计中，产生符合商品定位的形态，吸引消费者的注意力。

8. 空间形态八：阵列重复

"阵列重复"是指把单一或者几个基本元素在空间中重复排列，达到整齐有力的空间效果。"阵列重复"本身就产生一种序列的形式美感，在许多功能相对单一的大型商业空间运用，如超级市场或者古典风格的服装店等。

㉕ 商业空间的基本空间形态图示。

❷❻ "设立"与"地台"空间形态结合的车展设计。

❷❼ "设立"与"地台"空间形态结合。

❷❽ "下沉"与"设立"空间形态结合。

❷❾ "下沉"与"设立"空间形态结合的商铺入口设计。

❸⓿ "下沉"空间形态产生隐秘感,有聚集人气的作用。

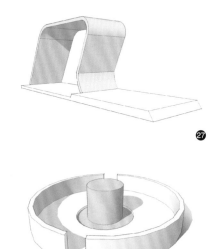

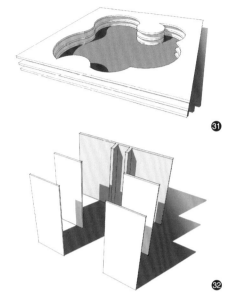

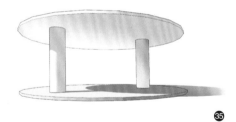

㉛ "下沉"空间形态。

㉜ "围合"的空间形态。

㉝ "围合"的空间形态手法把商铺分隔成不同性质的"动静"空间。

㉞ "覆盖"及"地台"的空间形态结合,在大空间中形成半开放式的区间。

㉟ "覆盖"及"地台"的空间形态结合。

㊱ "重复"空间形态。

㊲ "重复"空间形态产生整齐的序列感。

025

Chapter 1 概论

Chapter 3 商业动线　Chapter 4 商业空间的艺术风格　Chapter 5 商业空间的色彩　Chapter 6 商业空间的材质　Chapter 7 商业空间的照明　Chapter 8 商业空间的展示道具及坐具　Chapter 9 购物中心设计　Chapter 10 商铺设计　Chapter 11 商业街设计　Chapter 12 优秀学生作业

二、商业空间的序列组合

各商业空间单元由于功能或形式等方面的要求，先后次序明确，相互串联组合成为不同的空间序列形式。现代商业空间中，中心式、线式、迂回通道式、组团式是比较常见的空间序列组合方式。

1. 中心式组合

中心式空间序列组合适用于中轴对称布局的空间，以及设有中庭的空间等。中心式空间序列组合设计强调区域主次关系，强调中轴关系，强调区域共享空间与附属空间的有机联系。中心式组合的空间形态强烈对称，冲击感强，富有递进、庄重、有序的表现力。通常在开阔的市政广场、大型购物中心的中庭、酒店大堂等，会采用这种强烈有力的空间序列组合手法。"设立""地台""下沉""覆盖""悬架"等都是中心式组合的常用空间形态。

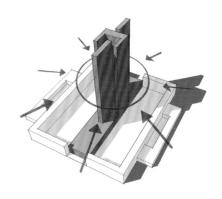

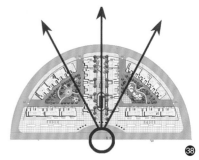

❸❽

❸❾

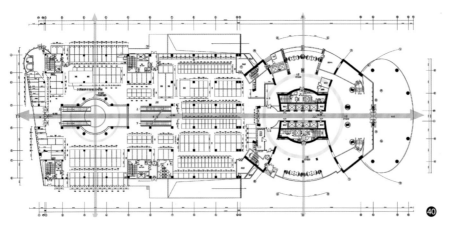

❹⓪

❸❽ "中心式"组合的空间形态，通常围绕中轴组合空间。

❸❾ 运用"覆盖"型的 LED 天幕手法，营造出"中心式"组合的空间形态。

❹⓪ 采用"中心对称"组合的商场平面。

（1）向心式构图

由一个占主导地位的中心空间和一定数量的次要空间构成。以中心空间为主，次要空间集中在其周围分布。中心空间一般是规则的、较稳定的形式，尺度上要足够大，这样才能将次要空间集中在其周围。

中庭由于其空间构成元素的多样性以及空间尺度的独特性，成为整个商业空间设计的重点。在设计中应着力体现其社区性、节日性及娱乐性，从而形成整个购物中心营造气氛的高潮。中庭的构成元素包括自动扶梯、观光电梯、绿化小品等及特定的营造气氛的要素。集中式组合内的交通流线可以采取多种形式（如辐射形、环形、螺旋形等），但几乎在每种情况下流线都在中心空间内终止。

中心式组合通常有"中心对称"以及"多中心均衡"两种主要组合形式。两

中庭空间1

❹ "中心对称"强调对称美感，令视觉中心突出强烈。

❷ 采用"多中心均衡"组合的商场平面，多个中心区域相互渗透，空间灵活。

中庭空间2

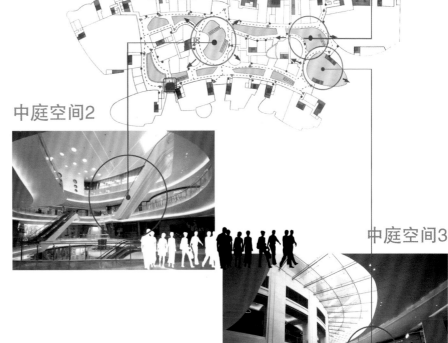

中庭空间3

者区别是"中心对称"强调对称美感,通常有一个视觉中心区;而"多中心均衡"着重于均衡构图,不强调绝对对称,通常有两个或者三个视觉中心区。

（2）视觉中心

在现代商业空间设计中,每个空间形态都具备有色、有质、有形、有精神含义的特征。这些空间形态在视觉关系中形成了一定的序列关系,形成了"主与次""虚与实"等形式现象,而所形成的"主""中心""精彩""实"的部分就是"视觉中心"。

视觉中心有突出空间核心元素的辨识作用。形成视觉中心的一般手法有特异形象、图像体量较大、色感强烈、动态形象等等。

视觉中心的特点:一方面,充当"视觉中心"的造型,通常居于区域的中心位置,以强有力的造型作为视觉主导,起到聚集人气、指导流线的作用;另一方面,充当"视觉中心"的象征,通过材质和造型元素的处理,会被赋予其自身一定的象征意义,往往能反映出商业空间的内在精神含义。

❹❸ 色彩鲜艳、造型独特的"红树林"艺术造型,象征着海洋的文化主题,成为"欢乐海岸"商业广场中的视觉中心。

❹❹ 演绎"鸟笼灯""渔网"等特殊艺术元素的"视觉中心"。

2. 线式排列组合

线式组合是将体量及功能性质相同或相近的商业空间单元,按照线性的方式排列在一起的空间系列排列方式。线式组合是最常用的空间串接方式之一,适用于商业街及平层的商铺区,具有强烈的视觉导向性、统一感及连续性。统一元素风格的走廊、完善的导购系统等都是线性排列组合的常用手法。

（1）线式组合常用走廊、走道的形式在空间单元之间相互沟通进行串联,从而使消费者到达各个空间单元。

商业空间中过道的作用是疏散和引导人流,也影响商铺布局。商场过道宽度设置要结合商场人流量、规模等因素,一般商场的过道宽度在3米左右。过

029

Chapter 1 概论

Chapter 3 商业动线　Chapter 4 商业空间的艺术风格　Chapter 5 商业空间的色彩　Chapter 6 商业空间的材质　Chapter 7 商业空间的照明　Chapter 8 商业空间的展示道具及坐具　Chapter 9 购物中心设计　Chapter 10 商铺设计　Chapter 11 商业街设计　Chapter 12 优秀学生作业

❹❺ 线式排列组合分析图。

❹❻ 线式组合常用走廊、走道的形式在空间单元之间相互沟通进行串联，从而使消费者到达各个空间单元。

❹❼ 线式组合与集中式组合配合使用分析图。

❹❽ 以中心空间为核心的线式组合同样也受到建筑造型及结构形式的制约。

道的指引标志主要作用是指引消费者的目标方向，一般要突出指引标志。特别在过道交叉部分，指引标志设计要清晰。通过过道和商铺综合的考虑，最大限度地避免综合商场内的盲区和死角问题，同时更要考虑到消费者在商场内购物的自然、舒适、轻松的行为过程和心理感受。

（2）线式组合经常与集中式组合配合使用，这类组合包含一个居于中心的主导空间，多个线式组合从这里呈放射状向外延伸，这种组合方式也被称为"放射型组合"。

将线式空间从一中心空间辐射状扩展，即构成辐射式组合。在这种组合中集中式和线式组合的要素兼而有之，辐射式组合是外向的，它通过线式组合向周围扩展，一般也是中心式规则。以中心空间为核心的线式组合，可在形式长度方面保持灵活，可以相同也可以互不相同，以适应功能和整体环境的需要，

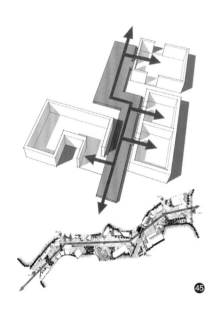

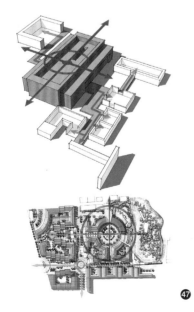

它同样也受到建筑造型及结构形式的制约。

　　导购系统的设计，使识别区域和道路显得简单便捷。商业空间的室内设计中导购系统尤为重要，如果说商业空间是一部书，导购系统就是书的目录，它是指引消费者在商品海洋中畅游自如的导航灯。导购系统的设计应简洁、明确、美观，其色彩、材质、字体、图案与整体环境应统一协调，并应与照明设计相结合。

　　（3）线式组合设计，需要注意增加局部变量，使空间连续形态更为丰富。

　　（4）线式组合也可以迂回通道式组合，多设立交叉路口的设计或者采用回路的方式。四通八达的商业路网，可以使消费者购物时快速到达要去的区域，

❹⁹ 线式组合设计，需要注意增加局部变量，使空间连续形态更为丰富。

❺⁰ 四通八达的商业路网，可以使消费者购物时快捷到达要去的区域。

03

Chapter 1 概论

Chapter 3 商业动线　Chapter 4 商业空间的艺术风格　Chapter 5 商业空间的色彩　Chapter 6 商业空间的材质　Chapter 7 商业空间的照明　Chapter 8 商业空间的展示道具及坐具　Chapter 9 购物中心设计　Chapter 10 商铺设计　Chapter 11 商业街设计　Chapter 12 优秀学生作业

可以增加更多行走路线的选择。线式组合的特征是长，因此它表达了一种方向性，具有运动、延伸、增长的意味，有时如空间延伸或受到限制，线式组合可终止于一个主导的空间或不同形式的空间，也可终止于一个特别设计的出入口。线式组合的形式本身具有可变性，容易适应环境的各种条件，可根据地形的变化而调整，既能采用直线式、折线式，也能用弧形式，可水平可垂直亦可螺旋。

3. 组团式组合

组团式组合通过紧密、灵活多变的方式连接各个空间单元。这种组合方式没有明显的主从关系，可随时增加或减少空间的数量，具有自由度，是指由大小、形式基本相同的园林空间单元组成的空间结构。该形式没有中心，不具向心性，而是以灵活多变的几何秩序组合，或按轴线、骨架线形式组合，达到加强和统一空间组合的目的，表达出某一空间构成的意义和整体效果，适用于主题性较强的体验店、娱乐场等，令空间显得活泼、层次多样。

（1）组团式可以像附属体一样依附于一个大的母体或空间，还可以彼此贯穿，合并成一个单独的、具有多种面貌的形式。

（2）可以区分多个视觉中心，突出不同的产品展示，满足差异化区域。

（3）组团式布局使得空间有机生动，但是要合理安排交通流线，避免空间混乱。

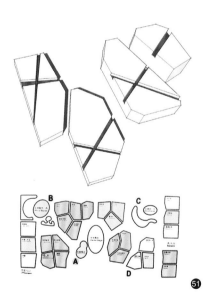

❺❶ 组团式组合通过紧密、灵活多变的方式连接各个空间单元。

❺❷ 组团式可以区分多个视觉中心，突出不同的产品展示，满足差异化区域。

三、商业空间处理手法

1. 空间的渗透与层次

空间渗透是指两空间没有完全分开，而是相互交融、互相沟通、巧于因借，强调空间的联系性。空间渗透主要运用外延、内引、过渡等手法，将围合空间的六界面中的某些界面延伸到其他空间,使两空间产生联系。例如,将屋顶外延到室外空间或将室外地面内引到室内空间,以此增强室内、室外空间的联系,达到空间的渗透。中国传统园林建造手法中"借景"的处理,也是运用空间渗透的观念,将别处的景物引到此处,利用视觉外延,达到空间渗透。现代建筑设计中大量运用框架结构,室内空间分隔形式自由灵活,而且在水平和垂直两个方向上都能相互联系、过渡,空间变化丰富,空间之间达到了立体穿插渗透。运用虚实变化的材料与手法,对空间灵活地分隔,使空间相互通连与渗透,呈现出丰富的层次变化。层次可以是水平或垂直的多维变化,空间界面可以是曲折、断续、悬挑、错位等,变化无穷。

2. 空间的对比与变化

多空间组合时,排列的空间应强调对比与变化,两个连接的空间在某个方面呈现出差异,凭借差异突出各自的空间特点,使人从一个空间进入另一个空

❸ 空间的对比与变化示意图。

❹ 对空间灵活地分隔,使空间相互通连与渗透,呈现出丰富的层次变化。

❺ 空间的渗透与层次示意图。

❻ 空间对比的运用是为了加强重点空间形象的创造,使空间主次分明。

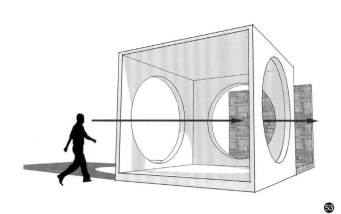

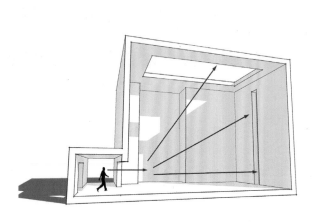

间时产生新鲜感和快感。

空间对比的运用是为了加强重点空间形象的创造，使空间主次分明，一般可分为形状、方向、明暗、虚实、高低、开放、封闭等几个方面。

3. 空间的引导与暗示

空间的引导与暗示在空间组合时分两种情况影响空间的处理方式。一种情况是由于受地形、功能等因素的限制，可能导致空间的分散，使某些空间处于不明显的地位，对空间的连接需要加以引导与提示；另一种情况是避免开门见山与一览无余的简单直白的空间处理，同样也需要引导与暗示，增强空间的含蓄与趣味。

空间的引导与暗示的方法一般有：（1）利用弯曲的墙面、道路等因素，把人流引向下一个空间；（2）利用楼梯、台阶等设施，引导与暗示下一个空间的存在；（3）利用灵活的空间分隔，产生丰富的层次，利用或隐或现的空间层次引导与暗示另一个空间等。

4. 空间的过渡与衔接

主要的空间进行组合时一般采用插入一个过渡性空间连接的方法，这样可以避免空间直白出现，使人产生过于生硬和突然的感受。

过渡空间的特点是以联系为主要目的，不能过分突出，应采用简化的方法，空间应小一些、低一些，这样才不会产生喧宾夺主的印象。

过渡空间的形式是灵活多样的，它既可以是独立的空间，也可以是在某主空间的局部，利用虚拟空间处理手法将其限定出来的。

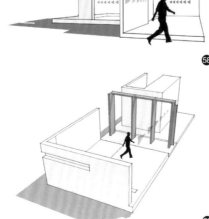

57 过渡空间的特点是以联系为主要目的。

58 空间的引导与暗示示意图。

59 利用或隐或现的空间层次引导与暗示另一个空间。

60 空间的过渡与衔接示意图。

033

Chapter 1 概论

Chapter 3 商业动线　Chapter 4 商业空间的艺术风格　Chapter 5 商业空间的色彩　Chapter 6 商业空间的材质　Chapter 7 商业空间的照明　Chapter 8 商业空间的展示道具及坐具　Chapter 9 购物中心设计　Chapter 10 商铺设计　Chapter 11 商业街设计　Chapter 12 优秀学生作业

5. 序列空间及形态

　　序列空间是统摄全局的处理手法,是对一系列空间进行的有序的组织。序列空间以空间的实用性为基础,在此基础上强调空间对人的精神作用。

　　(1)序列空间的实用性与精神性表现在空间的大小尺度、空间的前后顺序与使用的关系以及使用功能的合理性等。

　　(2)序列空间在展开的整个过程中一般经历起始、过渡、高潮、终结四个阶段。每个阶段对人的精神作用是不同的:起始阶段是空间序列的开端,目的是强调、引起人们的注意力;过渡阶段是高潮阶段的前奏,是为高潮的到来所做的铺垫;高潮阶段是整个空间序列的重点,通过主要空间的崛起,使人的情感达到最高峰;终结阶段是空间的收尾,其目的在于使人们的情感得到缓冲,让人回味。精神性表现在发挥空间艺术对人的心理、精神的影响,就像乐曲一样,有起、有伏、有抑、有扬、有一般、有重点,使人自然地和空间序列产生情感共鸣,使人的情感得到抒发,对空间形态产生深刻印象。

🔍 课堂思考

1. 基础空间形态练习:针对不同的商业空间形式,选择不同的基础空间形态进行设计。
2. 序列空间设计练习:选择一个展厅,进行展示空间形态的序列空间组合练习。
强调所设计的序列空间需要具有起始、过渡、高潮、终结四个阶段。

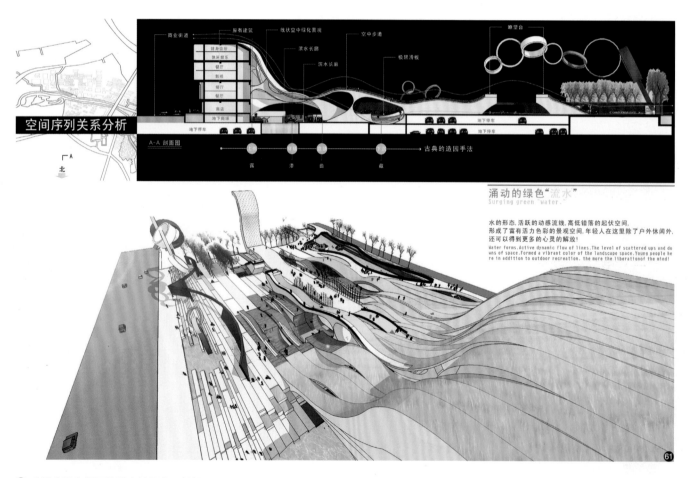

61 序列空间在展开的整个过程中一般经历起始、过渡、高潮、终结四个阶段。

Chapter 3

商业动线

一、消费行为的动线设计 ··· 037

二、商业动线的分类 ··· 038

三、商业动线设计的技巧 ··· 042

在商业地产中, 动线就是商业体中客流的行为运动轨迹。良好的商业空间动线设计, 是优秀的商业空间设计的最基础、最重要的环节。

本章通过对"商业空间动线"的具体分析, 分别介绍了"消费行为的动线设计"以及"商业动线设计"中的技巧。良好的商业动线可以增加消费者在商业体内的停留时间, 保持购物的兴奋度, 最终提高商品的成交率。

商业空间规模日益增大, 更多的功能和业态逐渐融入其中, 而"商业动线"将不同功能与业态串联在一起, 将客流运送到每一个商业节点, 进而渗透到商业空间的每一个角落。良好的商业动线可以在错综复杂的商业环境中, 为客流提供一条清晰的脉络, 可让消费者在商业空间内停留的时间更久, 降低其购物疲劳度, 使其经过尽可能多的有效区域, 使消费者购物的兴致、兴奋感保持在一个较高的水平。

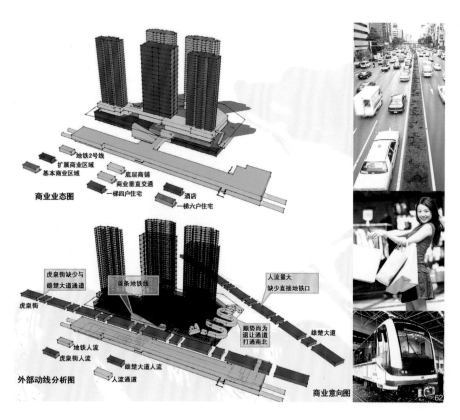

❷ 商业业态与外部动线分析图。

一、消费行为的动线设计

动线,是建筑与室内设计的用语之一,人在室内、室外移动的点连接起来就成为动线。在商业地产中,动线就是商业体中客流的行为运动轨迹。良好的商业空间动线设计,可以让顾客在商业体内部停留时间更久,尽可能经过更多有效区域,降低顾客体力消耗,从而使其购物兴致、新鲜感、兴奋感保持在较高水平。一般而言,好的商业动线具有以下三个条件。

1. 增强商铺可见性

一个商铺的可见性强弱决定了这个商铺所在地段的租金价值的高低,一个商铺被看见的机会越多,位置就越好。

2. 增强商铺可达性

可达性和可见性是有联系的,可见性是可达性的基础,只有"可见",才会有"可达"。因此,在可见的基础上,经过最少道路转换的路径可达性最高。

3. 具有明显的记忆点

增强动线系统的秩序感,从而增强顾客的位置感。在空间中提供给消费者明显的记忆点,让顾客能尽快找到自己想要去的商铺。

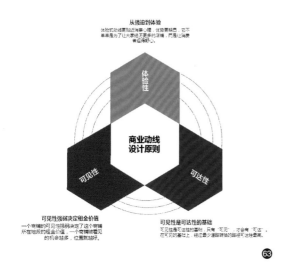

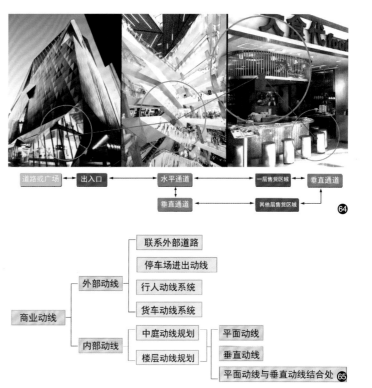

63 商业动线的设计原则。

64 消费者在商业空间的室内、室外移动的点,连接起来成为商业空间动线。

65 商业动线组成图。

Chapter 1 概论
Chapter 2 商业空间的空间构成
Chapter 4 商业空间的艺术风格
Chapter 5 商业空间的色彩
Chapter 6 商业空间的材质
Chapter 7 商业空间的照明
Chapter 8 商业空间的展示道具及坐具
Chapter 9 购物中心设计
Chapter 10 商铺设计
Chapter 11 商业街设计
Chapter 12 优秀学生作业

二、商业动线的分类

商业动线一般分为：

（1）"外部动线"，联系商业空间外部人流及交通；

（2）"内部动线"，联系商业空间内部人流及交通。

外部动线主要内容包括联系外部道路、停车场进出动线、行人动线系统、货车动线系统。内部动线由中庭动线规划及楼层动线规划两部分组成，主要内容包括平面动线、垂直动线和动线结合处。

设计科学合理的商业动线是人流交通组织联系各承租户的纽带，可以使承租户创造出最大的商业价值。

1. 外部动线

（1）联系外部道路

在规划大型商业空间联外道路系统时，应考虑该项目周边道路现有的交通状况，主大门、侧门及广场尽可能面向主道，这样才能吸引人流及方便行人进出。联外道路与完善的交通运输网联结，能扩大商业空间的辐射范围，方便购物者到达及货料运送。

（2）停车场进出动线

一般规划停车场进出口时，应注意的事项有以下几项。

出入口应设于交通量较少的非主道路上。若一定要设于较大车流量的道路上时，必须在出入口处向后退缩若干距离以便车辆进出，并应配合道路的车行方向以单进单出，避免进出在同一个进出口。

采用效率较高的收费系统以节省车辆进出时间。汽车、摩托车操作特性不同，进出口应尽量分开。

（3）行人动线系统

行人动线系统分为以下几种。

A. 对于驾车的消费者，若消费者把车辆停放在购物中心附设的地下停车场内，应直接由升降梯或楼梯到达商业空间内部。

B. 若消费者把车辆停在较远的停车场，则应考虑其可能的动线，最好避免穿越交通量大的道路，可以用地下通道方式加以解决。

城市交通路网

地铁站

人行道

天桥及隧道

步 行

公共交通工具

临街大门

自驾车

停车场电梯

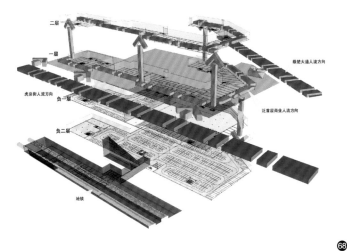

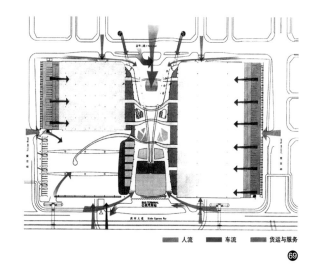

❻❽ 行人动线系统分析图。

❻❾ 外部动线分析图。

C.对于乘坐地铁的消费者,商业空间的地下层最好与地铁出口连接,消费者可以直接由升降梯或楼梯到达商业空间内部。

D.对于乘坐公交车或者步行的消费者,最好采用地下通道或者天桥的方式将线路连接起来。

（4）货车动线系统

从停车卸货开始经过商品管理,接着上升降货梯,到进入卖场仓库的这个过程是后勤补给动线。此动线的特点是要够宽敞,至少180厘米,足够人员和推车通过;亮度要足够,一般要求为300~400lx;通道两侧壁面要做耐撞处理,地坪要平顺耐磨,使推车不受阻碍;而这条动线要尽量与一般消费者的汽车及行人动线分开。

2. 内部动线

（1）中庭动线规划

中庭空间多位于各个道路形成的动线交汇点,是垂直交通组织的关键点和集散地,也是步行空间的序列高潮,这里人流集中、流量大,最有可能鼓励人流上行。富有趣味的垂直交通工具如玻璃观景电梯等,能在中庭空间创造活力和动感,常常会激发消费者登高的欲望。因此,中庭设计和中庭垂直交通能否促使人流向上运动,是上层商铺能否成功经营的关键。在此应利用照明及装修等塑造空间张力,使其成为商业空间的意象焦点。

（2）楼层水平动线规划

楼层水平动线设计的目的是要使同平面上的各店铺的空间得到充分展示,使消费者能轻松看见商店内展示的细部。在大型购物中心内,建议使用专卖店或分功能、分商品品种的商店,使专场更紧凑。如果是有商业中庭的空间,要使店铺及招牌尽量都面向中庭展开,面向视觉焦点,以达到聚集效果。

另外根据消费者的人数,空间不应过窄以致感觉太过拥塞。人行主通道

4~8米宽较为合适。购物中心人行直线通道不应太长以至于令人打消由一端走至另一端之念头,要有一定的变化,开放式的沿街商店及其他方式能使卖场更富表现力。

（3）楼层垂直动线规划

"垂直动线"是指商业空间内的垂直交通,主要是指运输人流的电梯设计,即扶梯和垂直电梯。在多层大型购物中心内,要诱使购物者离开低楼层,前往另一个楼层购物,不能产生一层卖得很好另一层却很差的情况。

垂直动线有各种形式,各有其特点及适用性:自动手扶梯提供购物者垂直方向上的连续动线,且能减轻购物中心内的拥挤情形,同时它连接不同水平标高的楼层,也能将位于下层的购物者视线引导至较高的楼层。自动步行道比自动手扶梯更好的地方在于它可以承载婴儿车及手推车,而且没有台阶。

在购物中心中,如果有大型超市的,最好是用自动步行道上下。垂直电梯

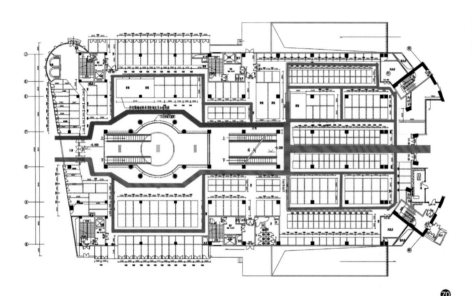

70 中庭动线规划。

71 楼层水平动线规划。

70

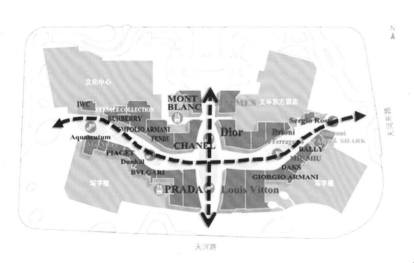

71

2、
3、

72 商业空间柱距与走道宽窄关系分析。

73 垂直动线分析图。

74 优秀的楼层垂直动线使不同楼层平面上的各店铺的空间得到充分展示。

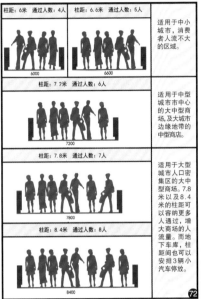

柱距: 6米 通过人数: 4人	柱距: 6.6米 通过人数: 5人	适用于中小城市,消费者人流不大的区域。
6000	6600	

柱距: 7.2米 通过人数: 6人		适用于中型城市市中心的大中型商场,及大城市边缘地带的中型商店。
7200		

柱距: 7.8米 通过人数: 7人		适用于大型城市人口密集区的大中型商场。7.8米以及8.4米的柱距可以容纳更多人通过,增大商场的人流量。而地下车库,柱距间也可以安排3辆小汽车停放。
7800		
柱距: 8.4米 通过人数: 8人		
8400		

72

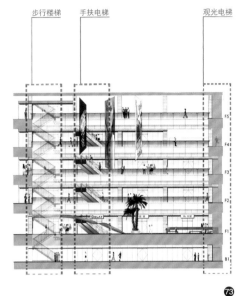

步行楼梯　手扶电梯　观光电梯

F5
F4
F3
F2
F1
B1

73

74

比上述二者更为普通,且它所使用的面积比上述二者都少很多,顾客使用时也不太会紧张。若与自动手扶梯比较,它的运转费用也比较便宜。如果选用观光电梯,则电梯在移动时可以观赏景观。电梯对于连接楼层及停车场是非常重要的工具。

在垂直动线设计中,自动扶梯、电梯、步行楼梯及其他设备要搭配合理、分布均匀。中庭大堂配置自动扶梯,既有利于消费者上下,增加商铺可见度,又可增强空间立体感,有利于提升商场的回环度。在购物中心大门附近及中庭可配置观光垂直电梯,使顾客浏览购物中心内外的美景,激发消费热情。步行楼梯作为电动扶梯和电梯的垂直动线补充,可以设计为艺术造型,成为公共空间的一道风景。

041

Chapter 1 概论

Chapter 2 商业空间的空间构成

Chapter 3 商业空间的艺术风格

Chapter 4 商业空间的色彩

Chapter 5 商业空间的材质

Chapter 6 商业空间的照明

Chapter 7 商业空间的展示道具及坐具

Chapter 8 购物中心设计

Chapter 9 商铺设计

Chapter 10 商业街设计

Chapter 11 优秀学生作业

❼❺ 步行楼梯可以设计为艺术造型。

❼❻ 中庭大堂配置自动扶梯,既有利于消费者上下楼层,又可增强商铺可见度。

❼❼ 观光垂直电梯,使顾客浏览购物中心内外的美景。

　　自动扶梯作为商业空间最主要的垂直交通工具,配置时要注意消费者在每层的停留路线和时间。在自动扶梯或主道边要有该层的商铺位置和通道的平面图展示。消费者在某个自动扶梯附近能看到上楼或下楼的下一个动线连接,扶梯安置不宜太疏也不宜太密,一般而言,扶梯和电梯的数量以购物中心的面积大小和人流情况来决定。

三、商业动线设计的技巧

　　"销售与服务"是商业空间的主要行为模式,在商业空间销售服务的因素中,消费者的"动线"是与销售服务息息相关的,是需要重点考虑的一个方面。

1. 合理安排"水平动线"与"垂直动线"

　　一般来说,商业空间中的"水平动线"设计,强调消费者在商业空间中移动的"回环度"。"回环度"越高,商铺的可见性和可达性越高,动线设计就越优秀。

　　商业空间中的"垂直动线"设计能否促使消费者人流向上运动,是上层商铺能否成功经营的关键。一般而言，在楼层之间设立的垂直电梯，应位于购物中心的边缘或不影响商铺可见性的位置，同时要离购物中心出入口有一定距离，促使消费者尽量使用中庭区域的手扶梯。

2."可见性""可达性"及"位置感"

设计商业空间动线时，需要重点考虑三个因素："可见性""可达度""位置感"。

一方面，在商业空间中，保持空间通透并采用弧面布置，可尽量使得商铺或者商品有"可见度"。在空间中采用天桥、手扶梯等方法，提高消费者"可达性"，方便其去接触商品及体验商铺。

另一方面，商品或者商铺需要有"位置感"，空间需要有明显的设计特色，或者造型特殊的标志物。这样可以加深消费者的记忆，使其容易找到所需要的商铺或商品，不至于在丰富多彩的商业空间中"迷失"。

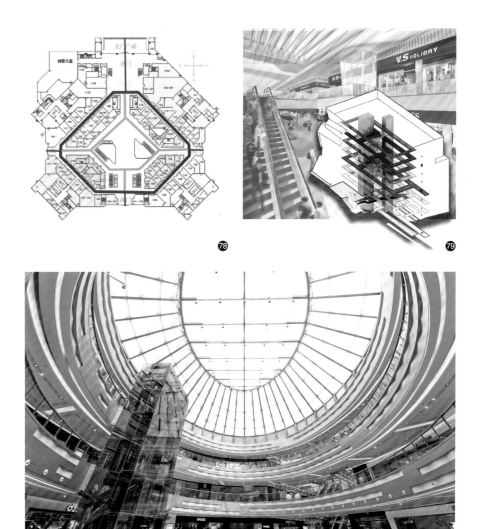

❼❽ 商场的"双回环"水平动线布局。

❼❾ 商场的垂直动线示意图。

❽⓪ 中庭的设计采用"回环度"较高的水平动线布局，垂直动线的位置也清晰可见。

3. 主力店布局技巧

（1）商铺围绕主力店排布

狭长形地块适合采用 U 形动线，一条主动线贯穿全场，商铺围绕主力店排布，使得商铺可达性与可视性最大化。

（2）哑铃形布局

将主力店设置于购物中心的两端，将一般商户设置于购物中心的中部，这样在两大主力店的拉动下，中间的一般承租户就能享受更多的人流，实现资源互动、人流共享的目的。

4. 停车场多楼层设置

不把停车场只放在负一层，而是将停车场进行多楼层设置，实现人流引导。

❽ 现代商业空间重视公共空间的设计，商铺的"可见度"及"可达度"都较高。

❽ 风格造型特点明显的商业空间，容易使消费者产生记忆点和位置感。

❽ 大型的品牌专卖店是商业空间中的主力店。

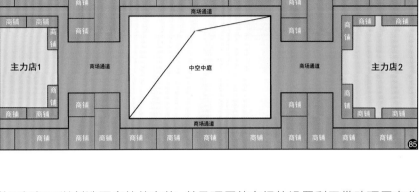
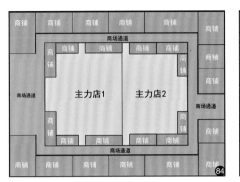

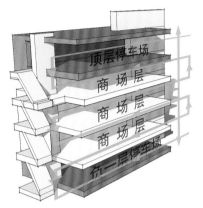

这样不仅仅可以创造更多的停车位,并且顶层停车场的设置利于带动顶层商业价值,解决人流不易到达顶层的问题。

5. 中庭采光

在中庭设置良好的屋顶采光,具有将消费者的视线引导向上的效果,对于吸引消费者上楼选购有良好的推动力。此处既是商品展示的舞台,又是公共活动及休息的场所。中庭挑空直达屋顶,消费者在中庭留步,各楼层扶梯联系动线一览无余,增强了店铺可见性,很好地体现了动线交汇点的特征。

6. 化解商业死角

在水平动线规划中,应在容易出现死角的区域设置垂直通道,化解死角。如果在水平动线设计中,不得已出现射线,则必须设置个性化的垂直通道。

7. 弧形动线设计

弧形动线设计不同于使消费者一眼就能从头看到尾,感到乏味,失去购物兴趣的直线型动线设计。它能很好地满足商场内部空间设计的可视性和交通组织的引导性两个要求,通过圆弧形动线能让消费者视野的延伸性更强、可视性更强,单店的能见率更高,便于消费者到达店面。更为重要的是,这一设计方便消费者知道自己的所在位置,起到了很好的交通引导作用。同时,这一设计也使得商铺的展示面积增加,商品陈列的技巧性增强。

8. 景观、功能节点设计

如果商业街长度过长,就会增加消费者的心理负担,对客流购物兴致造成一定影响。针对这种情况,应在街区设置景观节点,减少消费者的心理感受距离,方便消费者知道自己的所在位置,丰富消费者视觉感受,激发其逛街的兴趣。

在百货商场内无中庭及景观节点规划时,可在次通道或商场冷区设置功能

84 商铺围绕主力店排布示意图。

85 哑铃形布局示意图。

86 87 停车场设置示意图。

045

Chapter 1 概论　Chapter 2 商业空间的空间构成　Chapter 4 商业空间的艺术风格　Chapter 5 商业空间的色彩　Chapter 6 商业空间的材质　Chapter 7 商业空间的照明　Chapter 8 商业空间的展示道具及坐具　Chapter 9 购物中心设计　Chapter 10 商铺设计　Chapter 11 商业街设计　Chapter 12 优秀学生作业

88 圆弧形动线能让消费者视野的延伸性更强、可视性更强，单店的能见率更高。

89 在商业空间的通道或商场冷区设置功能节点，丰富消费者的视觉感受。

节点，包括多功能服务室、休息区、收银台、洗手间等。在这些地方设置功能型节点既不占用主通道或商业价值较高点，又解决了冷区人流不易到达的问题。

9. 动线角度的处理

　　在平面动线的设计上，如需变换角度，钝角优于直角，锐角不要出现，给消费者一个逐渐适应的过程。角度过小会给消费者一种被强迫的感觉，降低其购物兴趣。

课堂思考

1. 商业动线的基本原则是什么？
2. 分别考察附近的两个不同商业空间，对比其中的商业动线，并做出考察报告。

Chapter 4
商业空间的艺术风格

一、商业空间艺术风格的形成 048

二、商业空间的主要艺术风格类型 050

🔍 **学习目标**

理解商业空间艺术风格的形成过程和艺术设计风格的类型,商业空间艺术风格确定的最终目的是实现消费者、特定商品与环境的和谐统一。

🔍 **学习重点**

本章概述了"商业空间中的艺术风格",主要包括"现代简约风格""欧式风格""新中式风格""装饰主义风格""后现代主义风格""自然主义风格""解构主义风格"等等。

商业空间艺术风格是指在不同的历史时代、民族及地域等条件影响下,对消费者与商品特征的准确把握,通过创意、构思和表现,而形成的具有代表性的设计形式。商业空间艺术风格的确定,最终目的是实现消费者、特定商品与环境的和谐统一。

商业空间艺术风格的形成明显受商品、商业业态和消费者类型等因素的制约,现代商业空间中通常采用的艺术风格一般有现代简约风格、欧式风格、新中式风格、装饰主义风格、后现代主义风格、自然主义风格、解构主义风格等。

一、商业空间艺术风格的形成

商业空间艺术风格的形成,通常与当地人文因素和自然条件相关,又源于

⑨ 鲜明的商业空间艺术风格,实现了消费者、特定商品与环境的和谐统一。

91 **92** 商业空间艺术风格形成的相关因素。

93 富有视觉冲击力的解构主义风格适合迎合年轻消费者的商业空间。

94 针对家庭消费者的儿童用品店及母婴用品店设计，多采用造型可爱、色彩鲜艳的后现代主义风格。

设计者对消费者与商品特征的准确把握。设计师要能懂得综合把握商品价值、尺度、颜色、文化内涵、精神品质等方面以及消费者的年龄、性别、经济水平、兴趣爱好、文化教育水平等因素。

商业空间艺术风格的选择归根到底取决于消费者、特定商品和环境的不同特点。在高消费社会，消费者的需求变化与消费方式以及商品自身的发展规律共同推动着商业环境从物质到精神的发展。特定的商品会自然形成某种商品艺术风格，如数码文化、茶文化、酒文化等，在消费物质的同时增加了精神享受。

一般而言，数码产品店及运动用品店以紧贴潮流、敢于尝试和接受崭新事物的年轻人为目标顾客，需要体现年轻活力和时尚潮流信息。因此简洁明快的现代简约风格及富有视觉冲击力的解构主义风格，就比较适合目标顾客为年轻人的商业空间。

针对家庭消费者的儿童用品店及母婴用品店设计，则更倾向采用造型可爱、色彩鲜艳的后现代主义风格。老年消费者更喜欢沉稳的风格，更怀念传统文化符号，新中式的风格适合老年消费者。

95 现代简约风格的商业空间重视功能，清爽、简洁、明快。

96 艺术风格鲜明的商业空间往往成为时尚中心和城市名片。

97 商业空间的主要艺术风格类型。

为特定消费者服务的商业环境形成特定的艺术风格，消费者也在这里找到了感情归属。

二、商业空间的主要艺术风格类型

主要艺术风格	艺术风格特点	适用商品空间
现代简约风格	简洁、明快，用构成的形式感来体现结构本身的形式美，通常运用基本几何形体进行造型组合，材料运用比较统一简洁。	办公用品、数码产品等。
欧式风格	体现繁复和厚重的形式感，通常运用欧式的经典元素，如柱式、圆拱等等。	高档女装、婚纱店等。
新中式风格	体现中国传统的文化韵味，装饰手法上主要汲取传统木构架的元素，如斗拱、挂落、雀替等装饰构件。	茶叶店、传统工艺品店、中式餐饮店。
装饰主义风格	机械美学与装饰美学的结合，以较机械式的、几何的、纯粹的结构来表现装饰效果，如扇形辐射状的太阳光、齿轮或流线型线条等等。	高档家具店、服装店、高档皮具店等。
后现代主义风格	运用各种象征性的符号，讲究人情味和幽默感，把古典构件或者自然界的象征构形符号，以抽象夸张的手法组合在一起，即采用非传统的混合、叠加、错位、裂变等手法。	儿童用品店、游乐场、主题餐厅等。
自然主义风格	在现代简约基础上应用更多的自然材料，如原木、石材、板岩、玻璃等，色彩多为纯正天然的色彩，如矿物质的颜色。材料的质地较粗，有明显、纯正的肌理纹路。	特色食品店、风味小吃街等。
解构主义风格	强烈的视觉冲击力，空间形式多表现出不规则几何形状的拼合，或者造成视觉上的复杂感、丰富感、凌乱感。	高科技产品店、个性咖啡馆、运动用品店等。

97

1. 现代简约风格

现代简约风格有着简洁、明快的清新形态，以功能实用为出发点，注意发挥结构本身的形式美，造型简洁。现代简约风格起源于德国的包豪斯，以三大构成为风格的造型基础，反对多余装饰，崇尚合理的构成工艺。现代简约风格尊重材料的性能，研究材料自身的质地和色彩的配置效果，而玻璃、金属及涂料是简约风格经常采用的材料。现代简约风格运用基本几何形体进行造型组合，发展了非传统的以功能布局为依据的不对称的构图手法。

现代主义风格有造价较低、施工时间短、功能实用性强、空间简洁明快的特点，适用于办公家具店、药店、快餐店、男装店、家电店等。

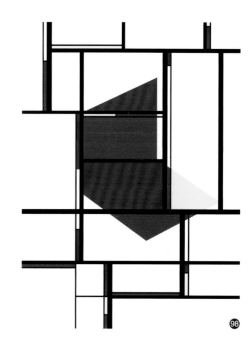

98

99

98 现代简约风格。

99 现代简约风格有着简洁、明快的清新形态。

05

Chapter 1 概论　Chapter 2 商业空间的空间构成　Chapter 3 商业动线　Chapter 5 商业空间的色彩　Chapter 6 商业空间的材质　Chapter 7 商业空间的照明　Chapter 8 商业空间的展示道具及坐具　Chapter 9 购物中心设计　Chapter 10 商铺设计　Chapter 11 商业街设计　Chapter 12 优秀学生作业

2. 欧式风格

欧式风格体现繁复厚重的古典欧洲的形式感，通常运用欧式的经典元素，如柱式、圆拱等等。基本元素包括古罗马式风格、哥特式风格、文艺复兴风格、巴洛克风格、洛可可风格、古典主义风格等等。欧式风格室内装饰造型严谨，天花、墙面与绘画、雕塑等相结合，经常采用大理石、壁纸、皮革和高档木饰面等材料。欧式风格的装饰品配置也十分讲究，常常采用水晶玻璃组合吊灯及壁灯、欧式沙发、油画壁饰等。

欧式风格造价较高，施工难度较大，对日后保养维护也有较高要求，适用于婚纱店、晚礼服店、奢侈型酒店、高档陶瓷产品店等。

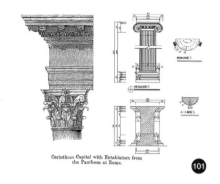

3. 新中式风格

新中式风格主要以现代简约风格手法构筑主要空间的序列关系，而在细节装饰上则汲取中国传统的元素，如斗拱、挂落、雀替等装饰构件，体现传统文化韵味。新中式风格在材料运用上以木质结构为主，大量运用深色木饰面，还经常采用青石砖、图案玻璃等。装饰品上配合明式或清式家具、青花瓷、宫灯、书法及国画等等。新中式风格在空间上轻盈通透，细节装饰上祥和宁静，形成了别具一格的风格。新中式风格造价较高，施工工期长，一般适用于传统工艺品店、中式餐饮店、高档茶叶店等等。

4. 装饰主义风格

装饰主义风格（Art Deco）演变自19世纪末欧洲的新艺术运动（Art Nouveau），以机械美学与装饰美学的风格结合，以较机械式的、几何的、纯粹的结构来表现装饰效果，如扇形辐射状的太阳光、齿轮或流线型线条等等。

⓴⓪ 欧式风格稳重、浓郁，适用于较为高档的场所。

⓵⓪① 欧式的经典元素：柱式。

⓵⓪② 欧式风格体现繁复厚重的古典欧洲的形式感。

103 中国传统的元素: 斗拱。

104 新中式风格在细节装饰上汲取中国传统的元素。

105 新中式风格造价较高, 施工工期长, 一般

适用于传统工艺品店、中式餐饮店、高档茶叶店等。

106 装饰主义风格使几何造型充满诗意, 富于装饰性。

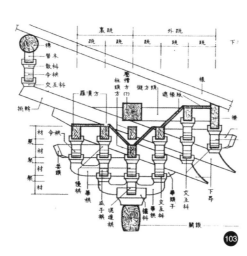

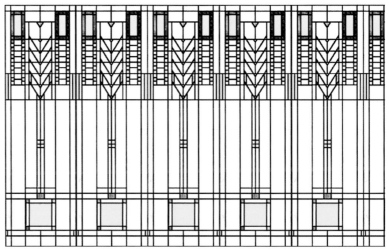

装饰主义风格那简洁又不失装饰性的造型语言所体现出来的基于线条形式的强烈的装饰性,在原则上灵活运用重复、对称、渐变等美学法则,使几何造型充满诗意,富于装饰性。装饰主义风格常用方形、菱形和三角形作为形式基础,运用于地毯、地板、家具贴面等处,创造出许多繁复、缤纷、华丽的装饰图案,亦可饰以装饰艺术派的图案和纹样,比如麦穗、太阳图腾等等,显现出华贵的气息。装饰主义风格造价高,施工工期长,一般适用于高档家具店、高档服装店、高档皮具店等。

107 在装饰主义风格中,机械美学与装饰美学的结合。

108 装饰主义风格的几何装饰元素。

5. 后现代主义风格

后现代主义风格运用各种象征性的符号,讲究人情味和幽默感。它把古典构件或者自然界象征构形符号,以抽象夸张的手法组合在一起,即采用非传统的混合、叠加、错位、裂变等手法。

后现代主义风格强调建筑及室内装潢应具有历史的延续性,但又不拘泥于传统的逻辑思维方式,探索创新造型手法。它常在室内设置夸张、变形的柱式和断裂的拱券,把古典构件的抽象形式以新的手法组合在一起,或者把由曲线和非对称线条构成的元素,如花蕾、葡萄藤以及自然界各种优美、波状的形体图案等,体现在墙面、栏杆、窗棂和家具等的装饰上。造型上有的柔美雅致,有的遒劲而富于节奏感,整个立体形式都与有条不紊的、有节奏的曲线融为一体。后现代主义风格造价较高,施工工期较长,一般适用于儿童用品店、游乐场、主题餐厅等。

6. 自然主义风格

自然主义风格在现代简约风格的基础上大量运用具有自然纹理的材料,如原木、石材、板岩、玻璃等,色彩多为纯正的天然色彩,如矿物质的颜色。材

109 后现代主义风格运用各种象征性的符号，讲究人情味和幽默感。

110 111 后现代主义风格的流行装饰元素。

112 113 自然主义风格在现代简约基础上大量运用具有自然纹理的材料。

114 自然主义风格选用的材料质地较粗，并有明显、纯正的肌理纹路。

料的质地较粗，并有明显、纯正的肌理纹路。空间开敞通透，并强调自然光的引进。

自然主义风格色彩为纯正的天然色（如矿物质、自然木的颜色），颜色主体是材质本身的色彩。自然主义风格采用亚光效果的油漆和散漫的灯光，点缀绿色的植物，并将室外的自然景物透进室内，达到室内外情景的融合，营造出自然环境的气氛。自然主义风格适合于特色食品店、风味小吃街等等。

Chapter 1 概论
Chapter 2 商业空间的空间构成
Chapter 3 商业动线
Chapter 5 商业空间的色彩
Chapter 6 商业空间的材质
Chapter 7 商业空间的照明
Chapter 8 商业空间的展示道具及坐具
Chapter 9 购物中心设计
Chapter 10 商铺设计
Chapter 11 商业街设计
Chapter 12 优秀学生作业

7. 解构主义风格

　　解构主义风格具有强烈的视觉冲击力,空间形式多表现为不规则几何形状的拼合,或者造成视觉上的复杂感、丰富感、凌乱感。解构主义对现代主义正统原则和标准批判地加以继承,它认为结构没有中心,结构也不是固定不变的,结构由一系列的差别组成。由于差别在变化,结构也跟随着变化,所以结构是不稳定和开放的。解构主义运用现代主义的语汇,却颠倒、重构各种既有语汇之间的关系。它从逻辑上否定传统的基本设计原则(美学、力学、功能),用分解的观念,强调打碎、叠加、重组,重视个体部件本身,反对总体统一而创造出支离破碎和不确定感,由此产生新的意义。解构主义风格适用于高科技产品店、个性咖啡馆、运动用品店等。

课堂思考

1. 商业空间中的艺术风格有哪几种?分别有什么特点?
2. 收集不同艺术风格在不同商业空间的应用,进行汇报分析。

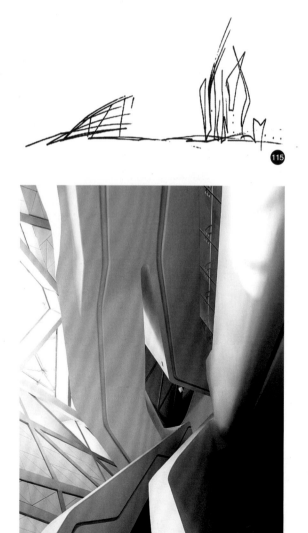

115

116

115 116 解构主义风格反对总体统一,而创造出支离破碎和不确定感。

Chapter 5

商业空间的色彩

一、商业空间色彩 ………………………………………………………… 059

二、商业空间中的色调 …………………………………………………… 061

三、商业空间的配色要点 ………………………………………………… 068

"色彩"作为商业空间设计整体的重要因素与组成部分,具有审美性和功能性的双重作用。理解色彩的基本属性、商业空间中的色调及配色要点。

通过对商业空间中的"色彩"及"色调"的介绍,简单地阐述了色彩在商业空间设计的重要性。

营造良好商业氛围的商业空间,离不开色彩要素的参与。"色彩"通过消费者的感知印象,产生相对应的心理影响,左右着消费者对商业空间的看法。"色彩"作为设计整体的重要因素与组成部分,具有审美性和功能性的双重作用。因此在商业空间中,色彩不仅对消费者的视觉环境产生影响,还影响着消费者的情绪和心理,并在一定程度上影响商业空间中的消费行为。

117 丰富多样的"色彩",通过消费者的感知印象产生相对应的心理影响。

117

一、商业空间色彩

1. 色彩的三种基本属性

色彩具有三种基本属性，即色相、饱和度、明度。

（1）色相

色相是从物体反射或透过物体传播的颜色。在0—360度的标准色轮上，按位置度量色相。在通常的使用中，色相有颜色名称标志，如红色、橙色或绿色。色相是由"原色相""中间色相"和"复合色相"构成的。红、黄、蓝为三个基本"原色相"，寻找三个"原色相"之间的"中间色"，就会形成最初的基本色相，分别为红、橙、黄、绿、蓝、紫。在各色中间再加插一两个"中间色"，其头尾色相，按光谱顺序为红、橙红、黄橙、黄、黄绿、绿、绿蓝、蓝绿、蓝、蓝紫、紫、红紫，则为十二基本色相。这十二色相的彩调变化，在光谱色感上是均匀的。如果进一步再找出其"二次色"，便可以得到二十四个色相。再寻找"二次色"之间的"三次色"颜色，从而形成四十八个色相。而色彩的色相成分越多，色彩的色相越不鲜明，我们可以称其为"复合色相"。

在商业空间设计中，在设计年轻、活泼、明快的商业空间时，我们通常可以运用比较鲜明的基本色相中的颜色；而在设计比较成熟优雅的商业空间时，通常运用色相不鲜明的"复合色相"。

（2）饱和度

饱和度是指色彩的鲜艳程度，也称色彩的纯度。饱和度取决于该色中含色成分和消色成分（灰色）的比例。含色成分越大，饱和度越大；消色成分越大，饱和度越小。

118 **119** 年轻、活泼、明快的商业空间运用比较鲜明的颜色。

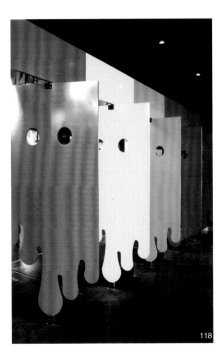

118

十二色相环

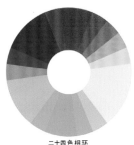

二十四色相环

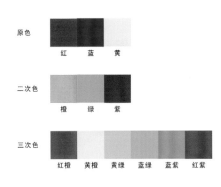

| 原色 | 红 | 蓝 | 黄 |

| 二次色 | 橙 | 绿 | 紫 |

| 三次色 | 红橙 | 黄橙 | 黄绿 | 蓝绿 | 蓝紫 | 红紫 |

说明：
色相环是由原色、二次色和三次色组合而成。
色相环中的三原色是红、黄、蓝，在环中形成一个等边三角形。
二次色是橙、紫、绿，处在三原色之间，形成另一个等边三角形。
红橙、黄橙、黄绿、蓝绿、蓝紫和红紫六色为三次色，
三次色是由原色和二次色混合而成。

饱和度高的色彩具有极强的装饰性，视觉冲击力强，个性鲜明。如雅蓝色的沙发、地毯和热烈橙色的墙面、边几搭配，色彩效果强烈，富有律动感。而饱和度较低的色彩，视觉感上比较平衡，营造的空间效果沉稳耐看，给人和谐温婉的感觉。如空间浅米黄色的基底给人舒适自在的感觉，使用浅咖啡色点缀，给人温暖慰藉之感。

（3）明度

明度也称为亮度，是色彩的相对明暗程度，通常用从0%（黑色）至100%（白色）的百分比来度量。色彩有深浅、明暗的变化。比如，深黄、中黄、淡黄、柠檬黄等黄颜色在明度上就不一样，紫红、深红、玫瑰红、大红、朱红、橘红等红颜色在明度上也不尽相同。

色彩的明度变化有许多种情况。第一种情况是不同色相之间的明度变化，如未调配过的"原色黄"的明度最高，而黄比橙亮，橙比红亮，红比紫亮，紫比黑亮。第二种情况是在某种颜色中，加白色明度就会逐渐提高，加黑色明度就会变暗。第三种情况是相同的颜色，因光线照射的强弱不同也会产生不同的明暗变化。

饱和度

饱和度表示色相中灰色分量所占的比例，它使用从0%（灰色）至100%（完全饱和）的百分比来度量。

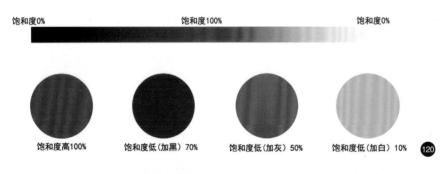

饱和度0%　　　饱和度100%　　　饱和度0%

饱和度高100%　饱和度低（加黑）70%　饱和度低（加灰）50%　饱和度低（加白）10%　120

饱和度100%
饱和度高的色彩有极强的装饰性，视觉冲击力强，个性鲜明。

饱和度30%
视觉感平衡，营造空间效果沉稳耐看。

121　　120 121 色彩饱和度。

061

概论 Chapter 1

商业空间的空间构成 Chapter 2

商业动线 Chapter 3

商业空间的艺术风格 Chapter 4

商业空间的材质 Chapter 6

商业空间的照明 Chapter 7

商业空间的展示道具及坐具 Chapter 8

购物中心设计 Chapter 9

商铺设计 Chapter 10

商业街设计 Chapter 11

优秀学生作业 Chapter 12

■ "明度"是色彩的相对明暗程度，通常用从 0%（黑色）至 100%（白色）的百分比来度量。

明度低 ←——————————————————→ 明度高

■ 第一种情况是不同色相之间的明度变化，未调配过的"黄"的明度最高，而黄比橙亮、橙比红亮、红比紫亮、紫比黑亮。

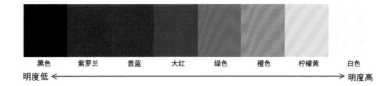

黑色　紫罗兰　普蓝　大红　绿色　橙色　柠檬黄　白色

明度低 ←——————————————————→ 明度高

■ 第二种情况是在某种颜色中，加白色明度就会逐渐提高，加黑色明度就会变暗。

明度低 ←——————————————————→ 明度高

■ 第三种情况是相同的颜色，因光线照射的强弱不同也会产生不同的明暗变化。

122

明度低 ←——————————————————→ 明度高

123

二、商业空间中的色调

色调是以在物体反射的光线中哪种波长占优势来决定的，不同波长产生不同色彩的感觉，色调是色彩的重要特征。空间中的色调不是指某种具体颜色的性质，而是对一个空间中整体色彩的概括评价。通常而言，在色相、饱和度、明度这三个要素中，总有某种色彩因素在空间中起主导作用。也就是说一个空间虽然用了多种颜色，但总体有一种色彩倾向，是偏蓝或偏红、是偏暖或偏冷等等，这种色彩上的倾向就是这个空间中的色调。通常可以从色相、饱和度、冷暖、明度四个方面来定义一个空间的色调。

1. 色相与色调

如果空间中某种色相占优势，我们就认为这个色相为这个空间的色调。如黄色占多数，我们称这个空间为"黄色调"；如紫色占多，我们称为"紫色调"。在商业空间中，每个色相都有其特定的文化和情感内涵：黄色调象征温暖、阳光，强调年轻化、时尚的商业空间可以选用黄色调，如服装店、儿童用品店、书店、食品店等；蓝色调象征冷静、深邃、清亮、平和，让人联想起大海、天空，可以用于高科技商品的商店、男士服装店等；而白色调象征干净、整洁，药店和办公用品店可以选用白色调。

2. 饱和度与色调

色调由不同饱和度的色彩进行组合，可分为"鲜调""中调"和"灰调"。"鲜调"是指在设计中全部使用饱和度高的色彩，"鲜调"色彩效果浓烈明快，一般可以用在游乐场、儿童商品店等空间。"中调"是指设计中使用灰色成分较多的色彩进行组合，"中调"是一个相当宽广的领域，色调丰富优美，变化无

红	蓝	黄	橙	绿	紫	褐	白	黑
热情	平和	开朗	温暖	清新	优雅	稳健	纯净	神秘

124

红色调

黄色调

蓝色调

绿色调

125

白色调

126

124 125 126 色相与色调。

127 饱和度与色调。

鲜调

在设计中多数使用饱和度高的色彩，"鲜调"色彩效果浓烈明快，一般可以用在娱乐场所、游乐场、儿童商品店等空间。

中调

在设计中使用灰色成分较多的色彩进行组合，"中调"是一个相当宽广的领域，色调丰富优美、变化无穷，适用的空间非常广泛。

灰调

"灰调"中的颜色包含着黑色的成分，色彩沉稳内敛。

127

穷，适用的空间非常广泛。"灰调"中的颜色包含着黑色的成分，色彩沉稳内敛。

3. 冷暖与色调

　　在冷暖方面分为暖色调与冷色调：红色、橙色、黄色为暖色调，象征着太阳、火焰；蓝色为冷色调，象征着森林、大海、蓝天；黑色、紫色、绿色、白色为中间色调。暖色调的亮度越高，其整体感觉越偏暖；冷色调的亮度越高，其整体感觉越偏冷。冷暖色调也只是相对而言，譬如说，红色系当中，大红与玫瑰红放在一起的时候，大红就是暖色，而玫瑰红就被看作是冷色；又如，玫瑰红与紫罗兰同时出现时，玫瑰红就是暖色。暖色调有热烈积极的感觉，使得消费者产生兴奋感，为多数的商业空间采用；冷色调有冷静干练的感觉，一般使用于科技感较强的空间，如数码店。

063

Chapter 1 概论

Chapter 2 商业空间的空间构成

Chapter 3 商业动线

Chapter 4 商业空间的艺术风格

Chapter 6 商业空间的材质

Chapter 7 商业空间的照明

Chapter 8 商业空间的展示道具及坐具

Chapter 9 购物中心设计

Chapter 10 商铺设计

Chapter 11 商业街设计

Chapter 12 优秀学生作业

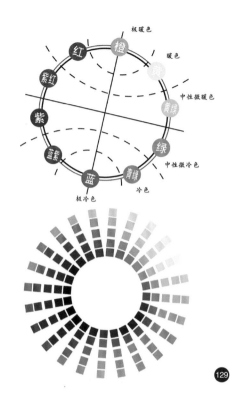

4. 明度与色调

色彩从白到黑的两端，靠近亮的一端的色彩称为高调，靠近暗的一端的色彩称为低调，中间部分为中调；明度反差大的配色称为长调，明度反差小的配色称为短调，明度反差适中的配色称为中调。各种明度的色彩配合在一起，可

128 黑色、紫色、绿色、白色组成冷色调的商铺。

129 色调示意图。

130 红色、橙色、黄色为暖色调。

以组合出各种表现力的色调。如高短调的配色，以高调区域的明亮色彩为主导色，采用稍有变化的色彩搭配，形成高调的弱对比效果。它轻柔、优雅，常常被认为是富有女性味道的色调。如浅淡的粉红色、明亮的灰色与乳白色、米色与浅驼色、白色与淡黄色等，适合于轻盈的女装店。

高短调

艺术特点：
以高调区域的明亮色彩为主导色，采用与之稍有变化的色彩搭配，形成高调的弱对比效果。纯洁、轻柔、优雅，常常被认为是最干净的色调。

典型配色：
浅淡的粉红色、明亮的灰色与乳白色，米色与浅灰色，白色与淡黄色等。

适用空间：
清新风格的药店、书店、女装店及化妆品店等。

高中调

艺术特点：
以高调区域色彩为主导色，配以不强也不弱的中明度色彩，形成高调的中对比效果，产生自然、明确的色彩关系。

典型配色：
浅黄色与紫灰色，浅灰色与中黄色、中绿色等。

适用空间：
适应性广泛，大部分商铺可以采用。

高长调

艺术特点：
以高调区域色彩为主导色，配以明暗反差大的低调色彩，形成高调的强对比效果，清晰、明快，富有刺激性。

典型配色：
如白色与黑色，月白色与深灰色等。

适用空间：
办公家具店、文具店等。

065

Chapter 1 概论　Chapter 2 商业空间的空间构成　商业动线　Chapter 3 商业空间的艺术风格　Chapter 4 商业空间的材质　Chapter 6 商业空间的照明　Chapter 7 商业空间的展示道具及坐具　Chapter 8 购物中心设计　Chapter 9 商铺设计　Chapter 10 商业街街设计　Chapter 11 优秀学生作业　Chapter 12

中短调

艺术特点：
以中调区域色彩为主导色，采用稍有变化的色彩与之搭配，形成中调的弱对比效果，温馨、含蓄、朦胧。

典型配色：
如灰绿色与洋红色，浅咖啡色与中暖灰等。

适用空间：
暖色调的中档服装店、讲究温馨情调的咖啡店等。

中中调

艺术特点：
以中调区域色彩为主，配以比中明度稍深或稍浅的色，形成不强不弱的对比效果，具有稳定、明朗、和谐的效果。

典型配色：
土黄色与浅咖啡色，浅紫色和浅蓝色等。

适用空间：
适用空间广泛，中高档服装店、自然主义风格的餐厅等。

中长调

艺术特点：
以中调区域色彩为主导色，采用高调色或低调色与之对比，形成中调的强对比效果，丰富、充实、强壮而有力。

典型配色：
中黄与黑色、白色配，枣红色与白色，天蓝与白色等。

适用空间：
适用空间广泛，西餐厅、中高档服装店等。

132 明度与色调。

低短调

艺术特点：
以低调区域色彩为主导色，采用与之接近的色彩搭配，形成低调的弱对比效果，沉着、朴素。

典型配色：
如褐色与深灰，深灰色与枣红色，橄榄绿与暗褐色等。

适用空间
男性服装店、红酒店、传统工艺品店。

低中调

艺术特点：
以低调区域色彩为主导色，配以不强也不弱的中明度色彩，形成低调的中对比色效果，庄重、强劲，有奢华的感觉。

典型配色：
如深灰色与土色，深紫色与钴蓝色，橄榄绿与金褐色等。

适用空间：
有格调的餐厅、咖啡店、高档礼服店等。

低长调

艺术特点：
以低调区域色彩为主导色，采用反差大的高调色与之搭配，形成低调的强对比效果，压抑、深沉、成熟、冲击。

典型配色：
大面积黑色与小面积白色搭配，深靛蓝色与米白色，深棕色与米黄色等。

适用空间：
高档家具店、高档礼服店等。

Chapter 1 概论
Chapter 2 商业空间的空间构成
Chapter 3 商业动线
Chapter 4 商业空间的艺术风格
Chapter 6 商业空间的材质
Chapter 7 商业空间的照明
Chapter 8 商业空间的展示道具及坐具
Chapter 9 购物中心设计
Chapter 10 商铺设计
Chapter 11 商业街设计
Chapter 12 优秀学生作业

三、商业空间的配色要点

在商业空间设计（如商场设计、城市综合体设计等）中，色彩常被设计师用来增强空间艺术氛围。商业空间的色彩搭配应注意以下要点。

（1）有整体色彩基调。

（2）色彩搭配以突出商品为前提，恰当的色彩对比使商品更突出。

（3）同一个商业空间配色一般不超过三种（不含黑、白、灰）。

（4）大面积色彩不宜色度过高、色相过多，色彩明度差异明显会导致视觉疲劳。

（5）金色、银色与任何颜色都是相衬的。

（6）最佳配色灰度：墙浅，地中，陈设深。

（7）尽量采用素色设计，以免影响商品在空间中的主导地位。

（8）天花板颜色应浅于墙面或与墙面同色。如墙面深色，天花板可浅色。天花板色系只能为白色或与墙面同色系。

（9）不同封闭空间可使用不同的配色方案。

 课堂思考

1. 商业空间中的色调如何定义？
2. 对比不同色调的商业空间所带来不同的商业氛围及其效果。

134 商业空间设计要有整体色彩基调。

135 色彩搭配以突出商品为前提，恰当的色彩对比使商品更突出。

136 137 采用素色色调设计展示空间，可以突出商品在空间中的主导地位。

Chapter 6
商业空间的材质

一、结构材质 ·· 071

二、地面铺装材质 ·· 072

三、墙面铺装材质 ·· 074

四、天花板材质 ·· 077

五、材质选择的要点 ·· 078

🔍 **学习目标**

商业空间中使用的材质分为结构材质、地面铺装材质、面层装饰材料等几类,了解材质使用的基本原则与方法。

🔍 **学习重点**

本章介绍了商业空间中常用的"结构材质""地面铺装材质"及"面层铺装材质"等几种材质,并分析了每种材质的特点以及不同材质带来的不同装饰效果。

　　各类材质是组成商业空间的物质基础。由于商业空间的特殊要求,使用的材质一方面要求结实耐用,符合消防等规范的要求,另一方面要为商业空间营造出明亮丰富的商业氛围。现代商业空间设计中一般采用不锈钢、铝合金、镜面玻璃、磨光花岗石、大理石、瓷砖等高密度材质。各类装饰材料的组合,营造出光彩夺目、豪华绚丽的效果。商业空间中使用的材质一般分为结构材质、地面铺装材质、面层装饰材料等几类。

138

🔵 **138** 商业空间使用的材质要求结实耐用,能营造出明亮丰富的商业氛围。

一、结构材质

结构材质主要是指在商业空间设计中可以支撑空间、构成主要空间层面的材料。如作为分隔空间的墙体材料、割断骨架、板层材料下的基层格栅、天花吊顶的承载材料（如轻钢龙骨）等。这一类材料可能在施工结束后被其他材料覆盖或掩饰，但其在商业空间中起到的是非常重要的构造作用。

龙骨是用来支撑造型、固定结构的建筑材料，是装修的骨架和基材，广泛应用于商场、商铺等商业空间场所。龙骨一般分为木骨架、轻钢管骨架、铝合金型材等等。

1. 木骨架材料

木骨架材料是木材通过加工而成的切面呈方形或长方形的条状材料，可分为硬质和轻质木材骨架两类。木龙骨有造价便宜、易于造型的特点，可是在防火等级上达不到大型商业空间的消防要求。内木骨架多选用材质较松、材色和纹理不是非常显著的木材，这些材料内含水分较低，具有不易劈裂、不易变形的特点。

2. 轻钢管骨架

轻钢管骨架也叫轻钢龙骨，在商业空间设计中，经常用到轻钢龙骨吊顶。轻钢龙骨采用镀锌板或薄钢板，经剪裁、冷弯、滚轧、冲压等工艺加工而成。轻钢龙骨分C形骨架、U形骨架和T形骨架。C形龙骨主要用来做各种不承重的隔断墙；U形和T形龙骨主要组成天花顶棚骨架，骨架下可以安装装饰板材，组成顶棚吊顶。其特点：防火性好，刚度大，便于检修顶棚内设备和线路，而且在商业空间和博物馆陈列商业设计中有较好的吸音效果。现在市场上新出一种烤漆龙骨很受欢迎，这种龙骨颜色规格多样、强度高、价格合理。烤漆龙骨形式感强，可以直接作为装饰材料使用，被广泛用于各种商业空间设计中。

 139 龙骨结构。

 140 龙骨材质。

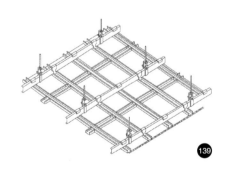
139

木骨架

轻钢管骨架

铝合金型材

140

071

Chapter 1 概论　Chapter 2 商业空间的空间构成　Chapter 3 商业动线　Chapter 4 商业空间的艺术风格　Chapter 5 商业空间的色彩　Chapter 7 商业空间的照明　Chapter 8 商业空间的展示道具及坐具　Chapter 9 购物中心设计　Chapter 10 商铺设计　Chapter 11 商业街设计　Chapter 12 优秀学生作业

3. 铝合金型材

在商业空间设计中，铝合金型材作为一种高档型材，主要被用来制作外露的结构骨架，如门窗结构骨架等。铝合金型材具有多种型号和颜色，兼有强度高和装饰性强的优点，其优越性是其他型材材料所无可替代的。铝合金型材还具有良好的抗腐蚀性、防火性、高水密性和气密性，耐磨，安装方便。铝合金型材和玻璃、石材配合使用，能够很好地体现材料本身的结构美感，具有现代装饰意味，在现代简约风格的商业空间里被经常运用。

二、地面铺装材质

因为商业空间的人流量多，所以地面铺装材质的耐磨度必须要高，除了美观，更要注重实用，也就是强调性能。多数商业空间都选用坚硬耐磨的瓷砖和石材。瓷砖花色多且易于打理，造价比较合理。石材花纹自然，材质坚硬，给人

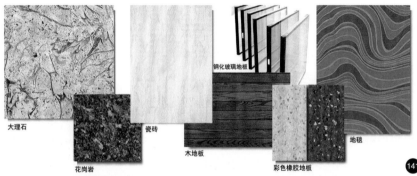

大理石　　花岗岩　　瓷砖　　钢化玻璃地板　　木地板　　彩色橡胶地板　　地毯

141

141 主要地面铺装材质。
142 主要地面铺装材质分析表。

地面铺装材质		使用部位	防火性能	耐用性	装饰效果
石材	大理石	地面的装饰铺面，和瓷砖配合做波打线	良好	良好	硬度好、耐磨耐用，有非常好的艺术效果。
	花岗岩				
瓷砖		地面的装饰铺面	良好	良好	款式多样，比较耐磨耐用。
木地板		地面的装饰铺面	较差	一般	实木地板、复合地板及实木复合地板几种，温暖有亲和力。
钢化玻璃地板		地面的装饰铺面	良好	一般	材质光滑特殊，光线可以折射。
彩色橡胶地板		地面的装饰铺面	较差	较差	多种颜色选择，质地软，适合儿童商业空间等。
地毯		地面的装饰铺面	较差	较差	多种款式选择，比较不耐磨、不耐脏。

142

石材地面效果华丽，形式多变，耐用耐脏。

瓷砖地面效果整洁，耐用耐脏，可以选择的款式很多，价格适中。

木地板地面效果温暖、亲切，耐磨性一般，适用于较小面积、人流较少的空间。

钢化玻璃地板光滑，有极强的透光性。

彩色塑胶地板可以任意造型，色彩鲜艳多变。

地毯材质柔软温暖，可以根据要求设计图案。

Chapter 1 概论
Chapter 2 商业空间的空间构成
Chapter 3 商业动线
Chapter 4 商业空间的艺术风格
Chapter 5 商业空间的色彩
Chapter 7 商业空间的照明
Chapter 8 商业空间的展示道具及坐具
Chapter 9 购物中心设计
Chapter 10 商铺设计
Chapter 11 商业街设计
Chapter 12 优秀学生作业

留下高档的印象。有特殊艺术要求的商业空间也会选择艺术地毯、木地板甚至钢化玻璃地板作为地面铺装材料。

144 主要墙面铺装材质分析表。
145 主要墙面铺装材质。
146 金属质感的不锈钢材质。
147 带有艺术效果的大理石材质。

三、墙面铺装材质

墙面铺装材质主要用来修饰室内环境的各个墙面部位。因此,它们除了具有装饰作用外,也具有一定的承载作用,还必须强度高、耐磨、符合消防规范。墙面铺装材质主要包括基本板材料、石材、瓷砖、木饰面板、玻璃、不锈钢等。设计师选择这些材料主要依据其材料的质地、光泽、纹理与花饰等方面。

墙面铺装材质		使用部位	防火性能	耐用性	装饰效果
基本板材料	石膏板	隔墙基层材料	良好	良好	平面造型,难做特殊艺术造型。
	硅酸钙板	隔墙基层材料	良好	良好	
	难燃木夹板	墙面造型基层	一般	一般	可艺术造型的基层材料。
石材	大理石	墙面的装饰铺面	良好	良好	硬度好,耐磨耐用,有非常好的艺术效果。
	花岗岩				
瓷砖		墙面的装饰铺面	良好	良好	款式多样,比较耐磨耐用。
木饰面板		墙面的装饰铺面	较差	较差	木材的自然温暖的效果。
壁纸		墙面的装饰铺面	较差	较差	花式、颜色多样,良好的装饰效果。
玻璃	钢化玻璃	墙面的装饰铺面	良好	一般	艺术性强,硬度好,有迷人的色彩和光线折射效果。
	艺术玻璃				
不锈钢		墙面的装饰铺面	良好	良好	有银色、金色、黑色等颜色,还有拉丝、镜面等效果。
铝扣板		墙面的装饰铺面	良好	良好	坚硬耐用,有多种颜色选择,款式比较少,多数用在交通空间,如地铁站。
铝塑板材料		墙面的装饰铺面	较差	较差	多种样式可以选择。
亚克力板		墙面的装饰铺面	较差	较差	质地比较软,透光效果,可做各种造型。
防火板		墙面的装饰铺面	良好	良好	有丰富的表面色彩、纹路。
拉膜结构		墙面的装饰铺面	较差	较差	有透光效果,质地柔软,一般与光源配合,可以做出各种弧形的艺术造型。

144

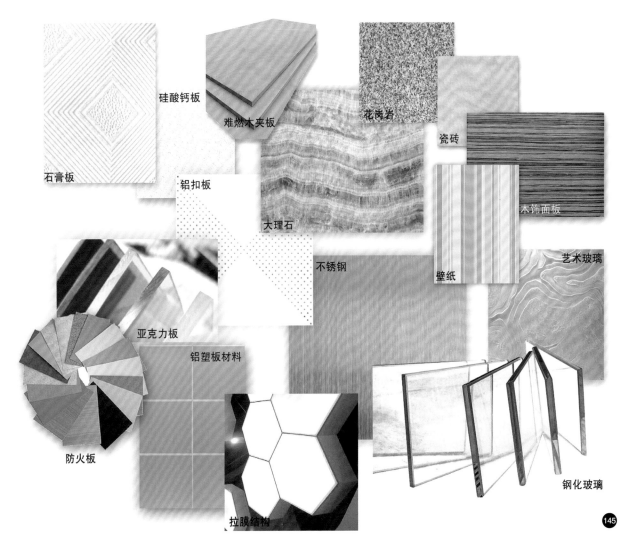

硅酸钙板

难燃木夹板

花岗岩

瓷砖

石膏板

铝扣板

大理石

木饰面板

不锈钢

壁纸

艺术玻璃

亚克力板

铝塑板材料

防火板

拉膜结构

钢化玻璃

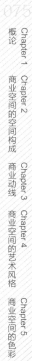

075

Chapter 1 概论

Chapter 2 商业空间的空间构成

Chapter 3 商业动线

Chapter 4 商业空间的艺术风格

Chapter 5 商业空间的色彩

Chapter 7 商业空间的照明

Chapter 8 商业空间的展示道具及坐具

Chapter 9 购物中心设计

Chapter 10 商铺设计

Chapter 11 商业街设计

Chapter 12 优秀学生作业

148 墙面材质以白色焗漆玻璃与不锈钢材质配合,简洁轻巧,现代感强。

四、天花板材质

天花板材质		使用部位	防火性能	耐用性	装饰效果
基本板材料	石膏板	天花板	良好	良好	平面造型,难做特殊艺术造型。
	硅酸钙板	天花板	良好	良好	
	难燃木夹板	造型天花板的基层材料	一般	一般	可艺术造型的基层材料。
不锈钢		天花板的装饰铺面	良好	良好	有银色、金色、黑色等颜色,还有拉丝、镜面等效果。
铝扣板		天花板的装饰铺面	良好	良好	坚硬耐用,有多种颜色选择,款式比较少,多数用在交通空间,如地铁站。
铝塑板材料		天花板的装饰铺面	较差	较差	多种样式可以选择。
亚克力板		天花板的装饰铺面	较差	较差	质地比较软,透光效果,可做各种造型。
防火板		天花板的装饰铺面	良好	良好	有丰富的表面色彩、纹路。
拉膜结构		天花板的装饰铺面	较差	较差	有透光效果,质地柔软,一般与光源配合,可以做出各种弧形的艺术造型。

149

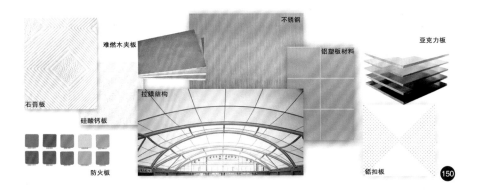

150

151

149 主要天花板材质分析表。

150 主要天花板材质。

151 铝扣板天花材质可以做冲孔造型。

077

Chapter 1 概论

Chapter 2 商业空间的空间构成

Chapter 3 商业动线

Chapter 4 商业空间的艺术风格

Chapter 5 商业空间的色彩

Chapter 7 商业空间的照明

Chapter 8 商业空间的展示道具及坐具

Chapter 9 购物中心设计

Chapter 10 商铺设计

Chapter 11 商业街设计

Chapter 12 优秀学生作业

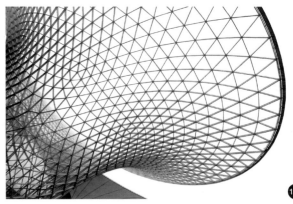

五、材质选择的要点

（1）商业空间的装饰材质首先应考虑安全性和实用性，即无毒无污染、防火阻燃、易于清洗、利于保持清洁和美观。此外还应考虑某些特殊要求，如维护墙的保温、隔热性、吸音效果等。

（2）在考察材质美感、实现美好创意的前提下，同时应考虑到不同材质的内在特性、使用功能、适用范围以及经济造价等。

（3）商业空间的装饰材质应该选择节能绿色环保型产品。

（4）为了配合新的艺术风格，应多发展各种各样的新型材质。

152 防火板色彩丰富，适用于商业空间的多种形式。

153 拉膜结构具有较好的透光效果，可以做出各种弧形的艺术造型。

154 新的艺术风格形式，需要新型的装饰材质才可以更好地表现。

课堂思考

1. 到当地装饰市场，了解各种材质的特性及其装饰特点。

2. 分析不同材质所产生的不同装饰效果的区别。

Chapter 7

商业空间的照明

一、"光"的概述 080

二、光与灯具照明 082

三、灯具的种类、布置形式 085

四、商业空间照明设计应用 087

五、照明设计对商业空间的影响 089

照明设计可以增强商业空间的层次感，营造良好的购物气氛，传达出特定的气氛或强化购物主题。

本章从三个方面介绍并分析了照明在商业空间设计中的重要性，即"商业空间中的灯具""商业空间的照明设计应用"及"照明设计对商业空间的影响"。

随着照明设计在商业空间设计中的地位越来越重要，优秀的照明设计可以增强商业空间的层次感，营造良好的购物气氛；可以引起消费者对商品的关注，引领消费者完成购物流程；可以增强商业空间的魅力，提升品牌形象，并时时刻刻地传达出特定的气氛或强化购物主题。本章将重点介绍商业空间的照明设计与商业空间中的灯具运用。

一、"光"的概述

"光"是人眼可以看见的一系列电磁波，也称可见光谱。一般人的眼睛所能接受的光的波长在 380—760 纳米之间。人们看到的光来自宇宙中的发光物质（例如恒星）或借助于产生光的设备，包括白炽灯泡、荧光灯管、激光器、萤火虫等。

光的物理特性由光的波长及能量来决定，光的波长决定光的颜色，光的能量决定光的强度。由于电磁波的范围相当大，其包含宇宙射线、紫外线、可见光、红外线、微波等。真正能够在人眼的视觉系统上产生色彩感觉的电磁波是可见光波，其波长范围大约在 380—780 纳米，在这段可见光谱中，不同波长的电磁波产生不同的色彩感觉。

一般的光源是由不同波长的单色光所混合而成的复色光，所谓的"单色光"是指白光或太阳光经三棱镜折射所分离出的光谱色光——红、橙、黄、绿、蓝、靛、紫七个颜色，因为这种被分解的色光，即使再一次通过三棱镜也不会再分解为其他的色光，

155 光谱示意表。

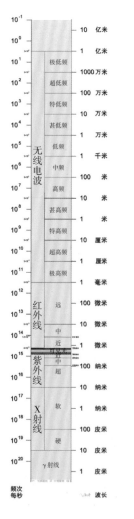
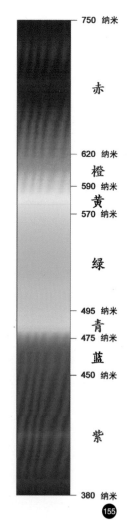

156 光的折射示意图。

157 漫反射示意图。

158 在两种介质的交界处光的传播方向发生变化。

159 太阳光被这些表面反射后，弥漫地射向不同方向。

所以将这种不能再分解的色光叫作单色光。

由"单色光"所混合的光称为"复色光"。自然界中的太阳光及人工制造的日光灯等所发出的光都是复色光。

1. 反射定律

当光从一种介质射到另一种介质的平滑界面时，一部分光被界面反射，另一部分光透过界面在另一种介质中折射。光的入射角等于反射角，且反射光与入射光在同一平面中法线的两侧，这就是反射定律。

2. 光的折射

光从一种透明介质斜射入另一种透明介质时，传播方向一般会发生变化，这种现象叫光的折射。理解：光的折射与光的反射一样，都是发生在两种介质的交界处，只是反射光返回原介质中，而折射光则进入到另一种介质中。由于光在两种不同的物质里传播速度不同，故在两种介质的交界处传播方向发生变化，这就是光的折射。

3. 漫反射

当一束平行的入射光线射到粗糙的表面时，表面会把光线向着四面八方反射，所以入射线虽然互相平行，由于各点的法线方向不一致，造成反射光线向不同的方向无规则地反射，这种反射称为"漫反射"或"漫射"。这种反射的光称为漫射光。

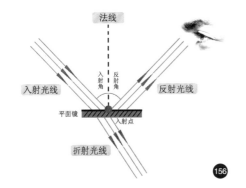

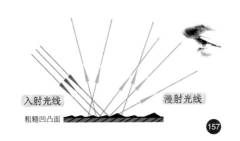

很多物体,如植物、墙壁、衣服等,其表面粗看起来似乎是平滑的,但用放大镜仔细观察,就会看到其表面是凹凸不平的,所以本来是平行的太阳光被这些表面反射后,弥漫地射向不同方向。

二、光与灯具照明

1. 灯具照明的基本要素

(1)光通量(Lumijbnous Flux):

单位:流明(lm)

在单位时间里通过某一面积光能的总和,称为通过这一面积的辐射能通量。

(2)光强(Luminous Intensity):

单位:坎德拉(cd)

发光强度也叫"光强",是一个物理概念,从光的本性来讲,把光看成电磁波场,光场中某点的光强指的是通过该点的平均能流密度。"光强"的大小指的是光源在空间发射光能力的大小,也就是光源到底有多亮。

(3)照度(Illuminance):

单位:勒克斯(lx)

在物理学中,把投射物体表面的光强度称为该物体所接收的照度,物理单位为勒克斯(lx)。为了使设计者在进行不同环境的照明设计时有相应的参照标准,各个国家都分别规定了不同的照度标准。不同性质的商业空间有不同的照度要求,在同一商业空间中,不同的商品种类或区域也有不同的照度标准。一般而言,商业空间中顾客流通区的照度在 75~150lx 之间;柜台与货架的照度为100~200lx 左右;陈列柜和橱窗为重点照明,照度要达到 200~500lx。

(4)亮度(Luminance):

单位:坎德拉每平方米(cd/m²)

光源在某一方向的亮度是光源在同一方向的光强与发光面在该方向上的投影表面积之比。一般而言,亮度指的是人对光的强度的主观感受。

160 灯具照明基本要素。
161 照度分析图示。
162 不同商业空间类别的照度标准值表。

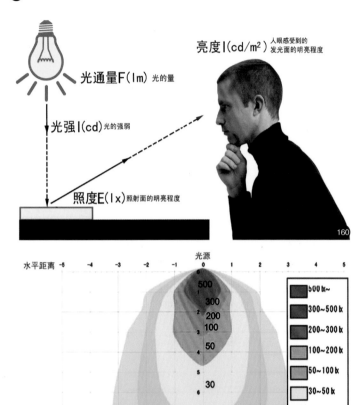

商业空间类别		照度标准值(lx)	备注
一般商店营业厅	顾客流通区	75~100~150	走道照度不宜超过商品陈列的柜台、货架等。
	柜台	100~150~200	照度偏高,方便消费者挑选货品。
	货架	100~150~200	照度偏高,方便消费者挑选货品。
	橱窗、陈列架	200~300~500	照度最高,突出商品吸引消费者注意力。
室内肉菜市场		50~75~100	中低档商业空间,满足照度要求即可。
超级市场、自选便利店		150~200~300	照度偏高,方便顾客自主选择商品。
服装店		150~200~300	照度偏高,方便顾客自主选择商品。
库房		30~50~70	满足基本照明需求。

2. 色温

光源的色温不同,就会产生不同的光色,相应地对环境气氛的渲染也不相同,色温即光源色品质的表征。光源的色品质,就是一个光源的光的色相倾向和色饱和程度。在技术上,用色温(K)来表示光源的色品质。对于色温与光源的色品质,可以认为,色温越高,光越偏冷,色温越低,光越偏暖。

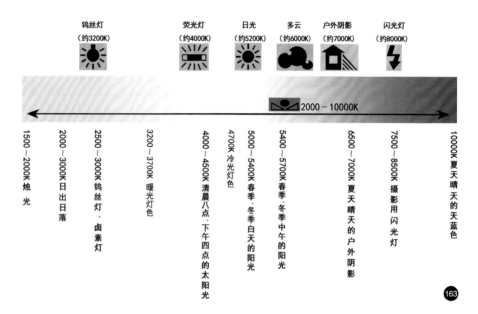

各 类 光 源 的 色 温			
光源	色温(K)	光源	色温(K)
蜡烛	1800 ~ 1950	月光	4100
LED灯管	2800 ~ 4700	日光	5300 ~ 5800
白炽灯	3000 ~ 4700	清晨	5800 ~ 6500
弧光灯	3000 ~ 4700	阴天	6500 ~ 6900
投影灯	2500 ~ 2900	白天晴天	10000 ~ 26000
钨丝灯	2700 ~ 2900	荧光灯管(白色)	4500 ~ 5000
氙气灯	3700 ~ 6000	荧光灯管(暖色)	3000 ~ 3700

色温越高,光越偏冷;色温越低,光越偏暖。

	色温低（约2200K~3300K）	色温中（约3500K~4500K）	色温高（约5500K~1200K）
照度高 800 lx~1200lx	闷热 燥热		清爽 干净
照度中 300 lx~800lx		舒适 高效	
照度低 30lx~ 300lx	温暖 安全		阴冷 恐怖

166 167 色温越高，光越偏冷；色温越低，光越偏暖。

3. 显色性

　　光源对物体的显色能力称为显色性。日光随气候和时间而异，其光源色温在 5500—7500K 之间变化。在自然日光的照射下，物体固有颜色的显示是比较正确的，因此我们说日光下显色性最好。

　　相对平均日光而言，光源色温越是偏高或偏低，物体颜色的显示越不正确，其显色性能就越差。例如，白炽灯的色温比平均日光的色温低，在白炽灯下物体的颜色偏暖色；而在高压汞灯下，物体的颜色偏向冷蓝，所以高压汞灯的色温比平均日光高。实际应用中，在商店中使用高显色性（Ra>80）的光源是商

采用低色温光源照射，能使红色更加鲜艳。

采用中等色温光源照射，使蓝色具有清凉感。

采用高色温光源照射，使物体有冷的感觉。

168

☀ 白炽灯 97Ra   ☀ 卤钨灯 95 - 99Ra   ☀ LED 75Ra

☀ 日光色荧光灯 80 - 94Ra   ☀ 白色荧光灯 75 - 85Ra   ☀ 暖白色荧光灯 80 - 90Ra

☀ 高压汞灯 22 - 51Ra   ☀ 高压钠灯 20 - 30Ra   ☀ 金属卤化物灯 60 - 70Ra

169

显色指数标准等级及使用场所			
指数（Ra）	等级	显色性	一般应用
90~100	1A	优良	需要色彩精确对比的场所
80~89	1B	优良	需要色彩正确判断的场所
60~79	2	普通	需要中等显色性的场所
40~59	3	普通	对显色性及色差的要求较低的场所
20~39	4	较差	对显色性无具体要求的场所

170

店的基本原则；但有时为了吸引顾客，在灯光设计上会故意创造一些颜色差异，而这种差异是往理想方向产生的色差，目的在于增强商品或是空间环境的魅力。

168 169 170 显色指数标准等级及使用场所。
171 灯具的种类。

三、灯具的种类、布置形式

1. 灯具的种类

    商业空间常用灯具类型有吊灯、吸顶灯、筒灯、射灯、落地灯、台灯、壁灯及灯带 / 灯条。根据不同的商业空间功能、各自的设计风格，可选用不同灯具进行照明和装饰。

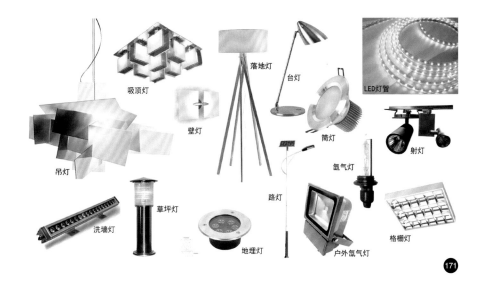

吸顶灯　落地灯　台灯　LED灯管　壁灯　筒灯　氙气灯　射灯　吊灯　路灯　格栅灯　洗墙灯　草坪灯　地埋灯　户外氙气灯

171

用途	类型	光源	用途	特点
室内用装饰灯具	吊灯	白炽灯 节能灯 LED灯 卤钨灯泡	装饰照明	形式感强 装饰效果好
	吸顶灯	白炽灯 节能灯 LED灯	装饰照明 整体照明	形状各异 安装简易
	落地灯	白炽灯 节能灯 LED灯	装饰照明 局部照明	移动灵活 装饰效果好
	台灯	白炽灯 节能灯 LED灯 卤钨灯泡	装饰照明 局部照明	移动灵活 装饰效果好
	壁灯	白炽灯 节能灯 LED灯 卤钨灯泡	装饰照明 局部照明	形式感强 装饰效果好
室内用照明灯具	筒灯	白炽灯 节能灯 LED灯	整体照明	安装简易 便于隐藏
	射灯	卤钨灯泡 金卤灯泡 LED灯	局部照明	安装简易 局部照明效果好
	LED灯带/灯条	LED灯	局部照明	便于隐藏 颜色多变
	格栅灯	荧光灯管	整体照明	安装简易 有形式感
	氙气灯	充满化学气体 氙气光源	整体照明	强光 适用于大空间
室外用灯具	洗墙灯	LED灯	局部照明	勾勒大型建筑的轮廓
	草坪灯	卤钨灯泡 金卤灯泡 LED灯	局部照明	用于草坪周边的照明设施
	地埋灯	LED灯	局部照明	做地面装饰或指示照明之用
	路灯	高压钠灯 LED灯	整体照明	透雾性好 亮度高
	户外氙气灯	充满化学气体 氙气光源	整体照明	体育场、户外演出剧场使用

 灯具的种类、特点及用途表格。

172

2. 灯具的布置形式

　　室内环境中照明灯具的布置应当均匀合理，并在此基础上通过局部增设的灯具，来达到突出重点区域的目的。因此，灯具的布置过程包括了整体上的考虑和局部上的调整这样两个阶段。整体上，应考虑使室内空间中的照度均匀分布；局部上，应考虑达到突出重点的效果。一般来说，灯具的布置有以下三种形式。

　　（1）平面形式

　　通过点、线、面光源，按商业空间内部功能的需要组成各异的形态，既满足照明的需要，又起到装饰效果。如用较小的灯在顶、地、墙上创作画面。

　　（2）立体形式

　　具有立体构成和雕塑的特点。现代材料的发展，使灯具的用材多种多样，有玻璃、金属、石材、纸张、羊皮、木材等，可以制作出质感、色彩、肌理各异的

173 平面及立体照明的布置形式既满足照明的需要，又起到装饰效果。

174 在商业空间内部，经常采用平面与立面的组合形式，来营造室内空间的氛围。

灯具。如内部空间中央挂置水晶吊灯，既限定了空间中心，又起到了装饰作用。

（3）组合形式

在商业空间内部，经常采用平面与立面的组合形式，来营造室内空间的氛围。如吊灯、射灯、落地灯、台灯、壁灯、条状灯带等。

四、商业空间照明设计应用

1. 商业空间照明层次

现代商业空间照明层次可以分为基础照明、重点照明、艺术照明三种。

（1）基础照明（常规照明）

指照亮整体空间的照明方式，它不针对特定的目标，而是提供空间中的光线，使人能在空间中活动，满足基本的视觉识别要求。其水平照度基本均匀，适合选用比较均匀的照明器具，满足基本的视觉识别要求和功能需求，如吊灯、吸顶灯、筒灯、射灯、壁灯等。

（2）重点照明（区域照明）

突出、强调商品的一种照明形式。重点照明的亮度一般是基础照明的3~6倍。它使商品处于明亮的空间区域中，让顾客能够清楚地看到商品特征。定向光表现光泽，突出商品的立体感和质感，如射灯等。

（3）艺术照明（装饰照明）

是为吸引视线、突出表现室内空间艺术个性、营业特色及气氛而设置的，为空间提供装饰，并在室内设计和为环境赋予主题等方面扮演重要角色。装饰照明主要体现在：一是灯本身的空间造型及其照明方式，二是灯光本身的色彩及光影变化所产生的装饰效果，三是灯光与空间和材质表面配合所产生的装饰

087

Chapter 1 概论　Chapter 2 商业空间的空间构成　Chapter 3 商业动线　Chapter 4 商业空间的艺术风格　Chapter 5 商业空间的色彩　Chapter 6 商业空间的材质　Chapter 8 商业空间的展示道具及坐具　Chapter 9 购物中心设计　Chapter 10 商铺设计　Chapter 11 商业街设计　Chapter 12 优秀学生作业

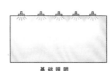

基础照明
为照亮整体空间,其水平照度基本均匀,选用比较均匀的照明器具。

重点照明
重点照明的亮度一般是基础照明的3-6倍,它使商品处于明亮的空间区域中。

艺术照明
吸引视线、突出表现室内空间艺术个性。

175

176

175 176 不同照明层次的照明效果不同。

效果,再就是一些特殊的、新颖的先进照明技术的应用所带来的与众不同的装饰效果。如吊灯、射灯、落地灯、台灯、壁灯、条状灯带等。

2. 现代商业空间照明方式

现代商业空间照明方式有直接照明、半直接照明、半间接照明、间接照明、漫射照明。

其不同特点及效果见下表:

照明方式	光照特征	照明特点	照明效果
直接照明	90%~100%光线向下直接投射,0%~10%的光线向上直接投射。	直接照明的光源是直接照射到工作面上。其照度高而集中,具有强烈的明暗对比,生成有趣生动的光影效果,突出工作面在整个环境中的主导地位。	光晕大,有强烈的阴影并伴有眩光。
半直接照明	灯光的60%左右直接照射被照物体,其余的光线向上部投射,以削弱受光面与顶棚的亮度差别。	做法是在灯具外面加设羽板,用半透明的玻璃、塑料、纸等做伞形灯罩。这样既减小了受光面与环境光的差别,又能满足从事一定活动的光线要求。	光线不刺眼,常用于商场、办公室的顶部,也用于客房或卧室。
间接照明	90%~100%光线向上直接投射,0%~10%的光线向下直接投射。	间接照明是将光源遮蔽而产生的间接光照明方式。因其采用反射光线的方式,使得工作面上的照度要比非工作面上的照度低,放光能消耗较大,工作面的光线比较柔和。	通常和其他照明方式配合使用,艺术效果好、光晕弱,但无眩光。
半间接照明	60%~90%的光线向上投射,10%~40%的光线向下投射。	半间接照明是把半透明的灯罩装在灯泡的下部,10%~40%的光通量直接投射于工作面,而其余的光通量反射到顶部,形成间接光源进行照明的一种方式。	明暗对比柔和,光晕较大。光量较低。
漫射照明	40%~60%的光线扩散向下投射,40%~60%的光线扩散后向上投射。	漫射照明方式是利用灯具的折射功能来控制炫光,将光线向四周扩散漫射。这种照明大体有两种形式:一是光线从灯罩上口射出经平顶反射,以及从半透明灯罩向外扩散;二是用半透明灯罩把光线全部封闭而产生漫射。	光线柔和,视觉舒服。阴影和眩光得到了改善。

177

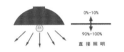
0%～10%
90%～100%
直 接 照 明

30%～40%
70%～60%
半 直 接 照 明

90%～100%
0%～10%
间 接 照 明

70%～60%
30%～40%
半 间 接 照 明

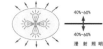
40%～60%
40%～60%
漫 射 照 明

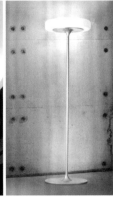

178

五、照明设计对商业空间的影响

1. 利用光影扩大空间的面积与增强层次感，是一种既经济又容易营造空间氛围的好方法。

（1）室内空间面积与光的亮度成正比。例如，亮的房间感觉面积要大一点，暗的房间感觉面积要小一点，充满房间的无形漫射光，也使空间有扩大的感觉。

（2）直接光能加强空间和空间内物体的阴影以及空间的层次感和立体感。

2. 利用光的作用，可以加强希望被注意的地方，也可以削弱不希望被注意的地方，从而进一步使空间得到完善和净化。

（1）首先提供动感的、灵活的、可控制的照明来诱惑消费者进入商店。例如，

178 照明方式不同，照明效果也不同。

179 利用光影扩大空间的面积与增强层次感。

179

089

Chapter 1 概论

Chapter 2 商业空间的空间构成

Chapter 3 商业动线

Chapter 4 商业空间的艺术风格

Chapter 5 商业空间的色彩

Chapter 6 商业空间的材质

Chapter 8 商业空间的展示道具及坐具

Chapter 9 购物中心设计

Chapter 10 商铺设计

Chapter 11 商业街设计

Chapter 12 优秀学生作业

商品的可见度和吸引力是十分重要的,对特定物体进行照明,提升它们的外在形象以便强调它们,使它们成为注意力的焦点,从而吸引消费者的注意。

(2)其次在购物区引导消费者,引起消费者对特殊商品的关注,引领他们完成购物流程,并时时刻刻地传达出特定的气氛或强化购物主题。例如,许多商店为了突出新产品,用亮度较高的光重点照明该产品,而相应削弱次要的部位,从而获得良好的照明艺术效果。

3. 利用光的不同属性营造商业空间特定的气氛效果,来影响消费者的心理和行为,进而影响商品销售。

(1)光的色温对商业空间氛围的营造有重要影响。例如,餐饮空间用明亮柔和的暖光色调,会增强顾客的食欲,拉近人和就餐环境的距离。

(2)光的色彩,既可以作为装饰手法来用,也可以作为限定空间的手段。例如餐厅卡座区设置不同颜色的灯光,既可以突出每个卡座的主题,也可以限定不同卡座的范围。

(3)通过采用一些装置,能够表现各种形态的光,如方形、圆形、多边形、不规则形等,借助这些变化,设计师可以用它来限定空间或作装饰手法使用。例如,歌厅空间以暗调和聚光交叉,处理私密和共享并存的空间区域关系。

4. 专业的灯光设计,还能合理使用能源,节约商业空间运营成本,同时对于人的视力和健康也是一种保护,体现着以人为本的设计理念。

🔍 **课堂思考**

1. 商业空间中的照明方式有哪几种?分别有什么区别?
2. 了解常用灯具的种类、特点及用途。

180 用亮度较高的光重点照明产品,而相应削弱次要的部位。

181 利用光的不同属性营造商业空间特定的气氛效果。

Chapter 8

商业空间的展示道具及坐具

一、展示道具设施设计 ··· 093

二、商业空间中的坐具 ··· 098

🔍 学习目标

理解展示道具设施及坐具的基本概念、功能、性质,了解展示道具设施及坐具设计的基本原则与方法。

🔍 学习重点

"展示道具设施"和"坐具"这些细节设计的成败直接体现了商业空间是否是一个舒适的购物环境。本章通过对"展示道具设施设计"和"商业空间中的坐具"的分析,论述了这两者在商业空间中的重要作用。

　　商业空间中的展示道具和坐具,都是消费者能接触到的细节部分,充分反映了商业空间的人性化设计水平。

　　"展示道具设施"指的是进行商品陈列的用具,需要结合时尚及产品定位,运用各种展示技巧将商品最有魅力的一面展现出来;"坐具"指的是提供给消费者休息的椅子、沙发等,作为商业服务设施与景观的重要组成部分,直接关系到消费者活动的舒适程度。"展示道具设施"和"坐具",这些细节设计的成败,直接体现了商业空间是否符合消费者的行为模式、是否是一个舒适的购物环境。

182 商业空间中的展示道具和坐具,充分反映了商业空间的人性化设计水平。

一、展示道具设施设计

展示道具设施主要指展架、展板、展柜、展台等各种陈列和装饰的用具，是进行商品陈列的物质和技术基础。其功能和作用一方面有可安置、维护、承托、吊挂、张贴等陈列品所必备的形式功能，同时也是构成展示空间的形象，是创造独特视觉形式的最直接的界面实体。

展示道具设施涵盖了艺术感、商业性、时尚感和技巧性，以直接的视觉形象来吸引消费者的兴趣并刺激消费。展示道具设施设计在商品展示中的作用越来越大，先进的设备用具不仅提高工作效率、增强展示效果，而且还能提高施工质量和艺术效果。

183 展示道具设施涵盖了艺术感、商业性、时尚感和技巧性。

183

1. 展示道具设施分类

展示道具设施的形式多种多样，凡是能对展品起到承托、围护、吊挂、张贴、摆靠、隔断以及指示方向、说明展品等作用的都是展示道具设施。展示道具设施由于种类繁多而产生了不同的分类方法。本节主要以功能分类来介绍和分析。

（1）展架类

展架是空间造型的骨结构，也是分割展示空间的重要手段。展架起着连缀结合、固定支撑、承载的作用，是展板和实物展品的支架承载体。

A.展示架按承载方式可分为三维节扣接展示架、八棱柱展示架、球节展示架等等。

B.展示架按材质可分为纸制展示架、金属展示架、有机玻璃展架、复合材料展示架、钛合金展示架。

C.展示架按用途可分为展览展示架、服装展示架、食品展示架、资料展示架、饰品展示架、宣传展示架、化妆品展示架等等。

093

Chapter 1 概论　Chapter 2 商业空间的空间构成　Chapter 3 商业动线　Chapter 4 商业空间的艺术风格　Chapter 5 商业空间的色彩　Chapter 6 商业空间的材质　Chapter 7 商业空间的照明　Chapter 9 购物中心设计　Chapter 10 商铺设计　Chapter 11 商业街设计　Chapter 12 优秀学生作业

（2）展板类

展板在展示空间中是传达信息的重要媒介，其功能不仅是传达信息，也可用来对空间进行分割，可构成贴挂展品的展墙，还可用来张贴平面展品（照片、图表、图纸、文字和绘画作品）等，根据需要也可以钉挂立体展品（实物、模型和主体装饰物），也可以同标准化的管架构成隔断、屏风以及空间围合的界面。

按照模数尺寸的要求，可分为小型展板、大型展板、与拆装式展架配套的展板。一般展板的尺寸有 90×120 厘米、90×180 厘米、120×180 厘米、120×240 厘米、200×300 厘米等规格。

（3）广告灯箱

广告灯箱主要有方形、三角形、椭圆等美观多变的外形，可根据不同的需求进行选择。广告灯箱既可固定又可移动，无论在室外还是商场、展销会等室内促销场所都非常适用。

（4）展柜类

展柜是陈列小型贵重展品的重要展具，主要起到保护和突出展品的作用。展柜的结构形式有固定式、可拆装式和折叠式几种。陈设一些商家产品的水平面的立体展柜叫流水台，高度大于 2 米的一般叫高柜，化妆品多种功能组合一起的展柜叫化妆组合柜，还有一些背柜、前柜、收银台、形象墙、立体挂架、中岛柜等等。

木制展柜货架：主要是由环保型木板材料，用特制的防火板加上各种装饰材料及玻璃罩拼制而成。

轻型冲孔玻璃展柜：轻型冲孔玻璃展柜是一种通用性很强的结构系统。

烤漆型展柜：采用烤漆工艺制作的展柜，我们称之为烤漆型展柜。它不易变色，并且打理起来很方便，具现代感。

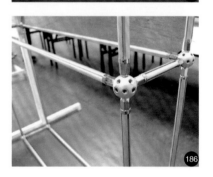

（5）展台类

展台的种类非常多，设计师应根据展示主题的不同需要做出不同的选择。展台类道具是承托展品实物、模型、沙盘和其他装饰物的用具，也是实物类展示的重要设施之一。其作用是既可使展品与地面彼此隔离，衬托和保护展品，又可以进行组合，起到丰富空间层次的作用。

根据实物展品的大小不同，展台分大、中、小三类。一是小型展台，高度100—400 毫米，平面形状多样，最大平面尺寸为 900×1800 毫米。二是中型展台，高度 600—900 毫米，平面形状有方、圆、长方、菱形、梯形、椭圆等，平面尺寸 2500×5500 毫米到 5000×7000 毫米。三是大型展台，可由小、中型展台拼联、叠加构成，可以构成大型梯阶式展台。

展台还可采用积木式展台形式，利用相对标准的正方体、长方体、圆柱体等几何形体进行组合形成的展台形式，一般用于小型展品的展示。这些几何形体的常见规格有 200×200 毫米、400×400 毫米、600×600 毫米、800×800 毫米、1200×l200 毫米等多种。积木式展台具有组合自由、造型

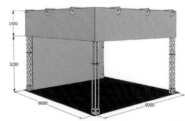

184 三维节扣接展示架。

185 八棱柱展示架。

186 球节展示架。

187 桁架展示架。

188 广告灯箱造型美观多变，用途广泛。

189 展柜主要起到保护和突出展品的作用。

190 大型展台。

191 展台的造型、色彩和体量对展示空间的
"性格"与"表情"具有重要作用。

095

Chapter 1 概论

Chapter 2 商业空间的空间构成

Chapter 3 商业动线

Chapter 4 商业空间的艺术风格

Chapter 5 商业空间的色彩

Chapter 6 商业空间的材质

Chapter 7 商业空间的照明

Chapter 9 购物中心设计

Chapter 10 商铺设计

Chapter 11 商业街设计

Chapter 12 优秀学生作业

多样、储运方便等特点。

（6）艺术主题造型

为增强商业气氛和效果、增强视觉冲击力、丰富商业的展示效果，商业空间设计中经常运用各种艺术主题造型。艺术主题造型中常见的有雕塑、发光装饰及装饰画等类型，还有如卡通人物造型、风灯、宫灯、绣球与彩带、折纸拉花、标志旗与刀旗、会徽与图案、圆雕与浮雕等等。艺术主题造型的运用，在商业空间设计中起到画龙点睛的作用。

（7）方向指示牌

指示牌设计是指在特定的环境中能明确表示内容、性质、方向、原则及形象等功能的，主要以文字、图形、记号、符号、形态等构成的视觉图像系统的设计。它是整个环境重要的组成部分，把环境功能和形象工程融为一体，重在解决环境景观管理和梳理上的秩序，为公众物质和精神需求提供贴心的服务。指示牌在环境空间的设置应该根据具体情况和设计图纸综合考虑。指示牌作为引导性事物，设计时应该首先考虑其功能性，其次还可以附加一些美观效果。

（8）植物

在屏风前、展墙端部、墙角和过渡空间中，都需放置花草，既可装饰空间，又可调节空间的小气候，使观众的精神和心理都得到放松，缓解疲劳。

（9）沙盘模型

在展示设计中，凡是不能搬到展场的名胜古迹、建筑群、工业建筑、居民区和重要建筑物等，都可用石膏或塑料、金属、纸板等材料制成沙盘或模型，根据需要采用不同的比例缩小，便于观众欣赏。

（10）展具零配件

展示展览设备及展具除了上述几种形式外，还有诸如模特展架、铁角、包角、卡子、挂钩、夹件、插头、明锁、托角、销钉、胶黏剂、漆饰材料等等，都属于展具零配件。展具零配件是展览设备及展具的构成部分，在展示设计中发挥着重要的作用。

2. 展示道具设施摆放技巧

从商业空间的位置上来区分，展示道具设施摆放有下列几种类型。

（1）周边式

陈列品（如货架、商品、道具等）沿四周墙布置，留出中间空间位置，空间相对集中，易于组织交通，为举行其他活动提供较大的面积，便于布置中心陈设。

（2）中心式

将陈列品布置在室内中心部位，留出周边空间，强调陈列品的中心地位和对室内空间的支配权，交通流线在四周展开，保证了中心区不受干扰和影响。

（3）单边式

将陈列品集中在一侧，留出另一侧空间。工作区和交通区截然分开，功能分

192 艺术主题造型。

193 方向指示标牌。

194 植物。

195 沙盘模型。

196 197 展示道具设施摆放类型。

198 "周边式"与"中心式"摆放结合的商业空间。

199 造型简洁、美观，又容易拆卸与装配的展示道具。

周边式摆放

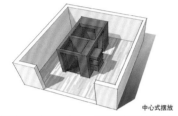

中心式摆放

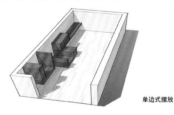

单边式摆放

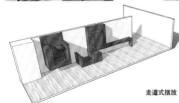

走道式摆放

196

区明确，干扰小。当交通线布置在房间的短边一侧时，交通面积最为节约。

（4）走道式

将陈列品布置在室内两侧，中间留出走道。这样摆放可节约交通面积，交通面积的大小对两侧都有干扰。

在展示道具设施的设计中，应注意的原则如下。

A.符合人体尺度原则。展具的尺度要符合人体工程学的要求，应该便于观看、便于挑选、便于存放。

B.安全性原则。包含两层含义，一是商品的安全性，二是考虑观赏者或顾客的安全。结构要坚固、可靠，确保展品与观者的安全性。

C.灵活性原则。在展示设计中，展示道具应该便于灵活摆放，方便安

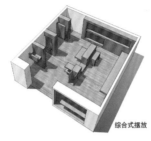

综合式摆放

197

198

199

Chapter 1 概论　Chapter 2 商业空间的空间构成　商业动线　Chapter 3 商业空间的艺术风格　Chapter 4 商业空间的色彩　Chapter 5 商业空间的材质　Chapter 6 商业空间的照明　Chapter 7

Chapter 9 购物中心设计　Chapter 10 商铺设计　Chapter 11 商业街设计　Chapter 12 优秀学生作业

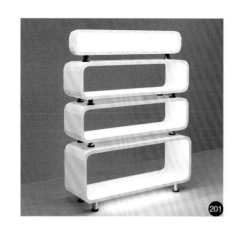
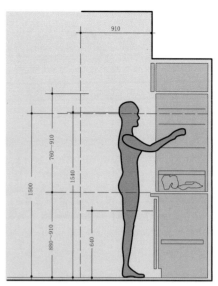
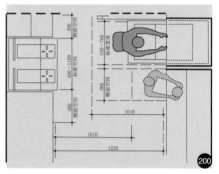

装, 这是对展示道具的基本要求之一。

　　(4) 美观性原则。要注重造型的简洁、美观, 不做过多的复杂线脚与花饰, 表面处理应避免粗糙、简陋, 也要防止过分华丽或产生眩光, 整体上应给人舒适感。

　　(5) 经济性原则。提高展具的使用率, 强调坚固、耐用、反复使用、一物多用等特点。尽可能少做一次性的展具, 以降低成本。

二、商业空间中的坐具

　　坐具是商业空间设计中提供给消费者休息使用的服务设施, 与消费者的各种消费活动关系密切。商业空间是公共场所, 坐具不仅仅需舒适, 还需要易于清洁管理。坐具也是商业空间景观的重要组成部分, 是体现气氛和艺术效果的主要角色。总而言之, 商业空间坐具的特性, 应当以人为本, 并综合考虑功能和审美等方面的问题进行系统的设计, 追求良好的情感体验与行为互动。

1. 坐具的类型

　　一般而言, 商业空间中的坐具分为三种类型。第一类为专业服务型坐具。一般指商铺内配合商品交易服务, 专供消费者进行休息、交易行为的各类椅子, 如咖啡馆里的休闲沙发等。第二类为公共空间的坐具, 如大型商业综合体中庭的坐具。这类坐具造型上需要与周边环境和谐, 材质要耐用, 造型上要易于清洁。第三类是辅助型坐具, 如花坛的四周、公共雕塑的底座等, 既可以当座位, 又可以美化环境。

　　第一类: 专业服务型坐具

　　(1) 单座凳: 座位高一般在45厘米左右。无靠背及扶手。单座凳使用灵活, 尺度小, 可以移动, 适用于小型商铺、临时档位。材料使用布料、皮革、木质。

　　(2) 单座椅: 座位高一般在45厘米左右。有靠背, 舒适度高, 可供消费者坐较长时间, 适用于餐饮空间、体验店等。材料使用木质、塑料、布料、金属等。

200 人体工程学参照数据。

201 展示道具应该便于灵活摆放, 方便安装。

（3）折叠式单座椅：座位高一般在45厘米左右，灵活移动，方便折叠及收纳，适用于产品发布会场、大排档等需要临时增加座位的商业空间。材料使用塑料、金属。

（4）沙发：一般分单人沙发、双人沙发及三人沙发。座位高一般在40厘米以下，舒适度高，可供消费者长时间逗留，适用于高档体验店、酒店大堂等。材料使用布料、皮革、木质、金属等。

（5）卡座沙发：卡座沙发又称卡座，是将传统沙发衍伸而形成一个整体的半围合空间，私密性比较好。两人卡座沙发长度为120厘米，高度为110厘米左右，广泛适用于餐厅、酒店、休闲娱乐场所、公共场所等。材料使用布料、皮革、木质、金属等。

（6）吧椅：吧椅座位高一般在60厘米左右，造型时尚优雅。商业空间中使用吧椅，有现代时尚的感觉，适用于咖啡馆、数码体验店等。材料使用木质、塑料、布料、金属等。

（7）户外桌椅：一般在环境优美的户外使用，材质需要考虑防雨防晒，也适用于室外咖啡馆、步行街道、休闲海滩等。材料使用木质、塑料、布料、金属材料。

第二类：公共服务型坐具

（1）连座椅：材质坚固耐用，造型简洁大方，可供两到四人使用，适用于电信或者银行营业大厅等。材料使用塑料、金属、木质等。

（2）艺术造型坐具：造型艺术性强，可兼顾景观小品与坐具的作用，适用于商场公共空间、广场等。材料使用塑料、金属、木质、石材等。

第三类：辅助型坐具

（1）花坛是商业空间景观的一道风景线，花坛的四周也可以供消费者短暂休息。一般安置在商业空间的公共区域，材料使用石材、木材等。

（2）公共雕塑艺术通常被称为某个空间的视觉中心，许多消费者会在艺术品附近停留、观赏休息。可安置在商业空间的公共区域，材料使用石材、木材等。

换鞋凳&收纳凳
实木框架

单座凳

单座椅

折叠式单座椅

沙发

卡座沙发

吧椅

户外家具

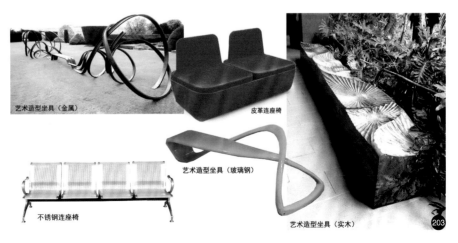

艺术造型坐具（金属）

皮革连座椅

艺术造型坐具（玻璃钢）

不锈钢连座椅

艺术造型坐具（实木）

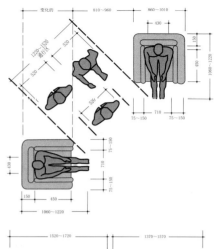

花坛的四周　　　公共雕塑的底座　　　台 阶

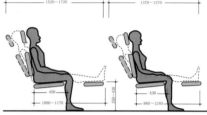

（3）台阶在环境优美、人流速度比较慢的公共区域中起到坐具的作用。许多休闲风景区的台阶成为了游人交流休息、观看风景的暂时休憩场所。材料大多使用石材、瓷砖、木材、混凝土等。

2. 坐具的设计原则

符合人体尺度原则，坐具的尺度要符合人体工程学的要求，应该便于观看，便于挑选，便于存放。

（1）实用性

现代商业空间的坐具应该讲究"实用性"与"艺术性"的和谐统一。坐具的设立是为了使消费者更好地进行商品交易，因此不但要符合商品交易的行为要求，同时也要与人体工学结合，尺寸设计要满足适用性的要求，还要考虑老人、儿童、孕妇等特殊人群的需求。

（2）灵活组合

坐具应该有多种组合方式，可对商业空间进行划分、组织，并形成一定的交通流线。当使用功能要求改变时，还可重新划分空间，为商业空间环境的气氛增添魅力和趣味。现代工业化生产的坐具，可根据需要进行组合，自由调节家具的高度、宽度，并有各种各样的五金配件与之相配套。有的坐具在不使用的时候可以折叠收藏起来，更好地满足商业活动的多种形式要求。

（3）美观性

商业空间中的坐具造型时尚简约、充满时代感，易于激发顾客的情绪，同时提升空间的艺术性。坐具的平面布置，应该做到疏密有致、穿插错落、有韵律感，使环境既有形式美又有秩序感。家具高低错落的韵律，对丰富空间造型、协调空间的体积感和重量感也会起很大作用。坐具的造型，要加强商业空间的艺术表现力，切忌与整体风格不统一。要因地制宜、因材施艺，同时还应兼顾经济性，设计须系列化、规格化。

204 辅助型坐具。
205 坐具的设计原则。

课堂思考

1. 展示道具设施具体有哪些分类？
2. 商业空间中坐具设计的原则是什么？
3. 收集优秀的展示道具及坐具的设计案例，进行汇报分析。

Chapter 9

购物中心设计

一、购物中心的基本概念、基本特征 103

二、购物中心规划开发过程 106

三、购物中心的铺位布局规划与人流动线设计 107

四、购物中心各空间的设计要素 111

🔍 **学习目标**

购物中心是指将多种零售店铺、服务设施集中在一个有计划地开发、管理、运营的大型建筑物或区域内,向消费者提供综合性服务的商业集合体。本章学习目标是了解购物中心设计的基本原则与方法。

🔍 **学习重点**

本章介绍了"购物中心的基本概念、基本特征""购物中心规划开发过程""购物中心的铺位布局规划与人流动线设计"以及"购物中心各空间的设计要素"四个方面。

随着国内城市经济的迅速发展,综合性的大型购物中心成为城市居民主要消费的场所。现代的大型购物中心朝着综合化、一体化、体验化的方向发展,"一站式"购物成为最大的特点。本章首先介绍购物中心的基本概念,进而分析购物中心的商业业态定位、铺位布局和人流动线等要素,最后着重介绍设计购物中心时应注意的基本原则。通过对本章的学习与认识,学生可以初步形成购物中心的设计概念,并掌握初步的设计能力。

206 "综合化""一体化""体验化"的现代大型购物中心成为城市居民的主要消费场所。

207 208 购物中心的基本概念。

209 购物中心的项目定位与业态分布分析图。

一、购物中心的基本概念、基本特征

1. 购物中心的基本概念

购物中心是指将多种零售店铺、服务设施集中在一个有计划地开发、管理、运营的大型建筑物或区域内,向消费者提供综合性服务的商业集合体。

购物中心基本营业面积在10万平方米左右,通常设立在城市内部一个商业活动高度集中的繁华之地,一般与城市交通网络连接紧密。购物中心内通常有大型的主力店、多元化商品街和宽广的停车场,是一个能满足消费者购买需求与日常活动需求的综合商业场所。从严格意义上讲,购物中心不仅仅是一种商业业态,更是一种有计划地实施的全新的商业聚集形式,有着较高的组织化程度,是业态不同的商店群和功能各异的文化、娱乐、金融、服务、会展等设施以一种全新的方式有计划地聚集在一起。

207

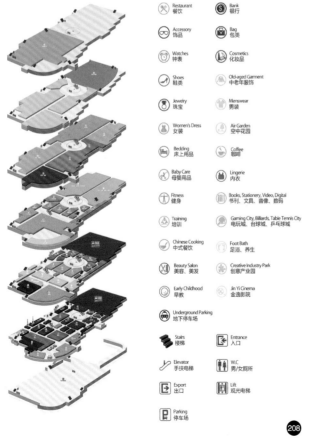

208

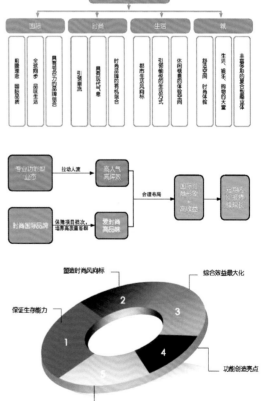

209

2. 购物中心的基本特征

（1）区域特征

购物中心一般集中于已有的商业中心区，或人口聚集区中心的周边地带，外部动线与城市的交通卡干道紧密相连。由于购物中心所需面积较大，在老城区土地供应非常紧张的城市，往往选择在传统商圈附近或新规划的商业中心地段进行开发建设。

（2）整体规划特征

由不同建筑体综合构筑而成的大型综合性购物中心逐步成为一种主流商业地产的开发模式。另外，大型休闲广场、步行街、内部走廊和天桥等建筑形式被灵活地加入到购物中心的商业项目中，增添了消费者购物时的情趣，延长

210 购物中心可选择在传统商圈附近或新规划的商业中心地段进行开发建设。

211 212 大型休闲广场、步行街、内部走廊和天桥等建筑形式被灵活地加入购物中心的商业项目中。

213 百货类在购物中心业态中占比例最大。

214 国内购物中心与国际购物中心的业态比例。

211

210

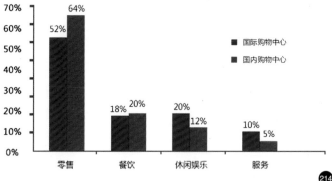

212

213

购物中心业态	零售	餐饮	休闲娱乐	服务
国际购物中心	52%	18%	20%	10%
国内购物中心	64%	20%	12%	5%

214

215 购物中心一般商业业态分布特征。

216 "百货""超市""零售""餐饮""儿童用品"是购物中心的最主要业态。

了购物时停留的时间。

（3）购物中心的商业业态特征

一般来讲，我们把购物中心的商业业态划分为百货、超市、零售店、餐饮、休闲娱乐、儿童用品等几人系列。

百货是许多购物中心项目的重要业态组成，尤其是一些处于商业人口密集的商业核心区域的项目，把百货作为提升其项目商业价值的重要砝码。而超市也是商业项目聚集人流、消化面积的核心手段之一。大体量商业项目一般都需要引进一家或多家超市作为项目的主力店。

一般而言，购物中心项目中百货类和超市类的业态比例一般占到40%以上。餐饮和休闲娱乐也是主要业态，其所占比重一般在15%~30%之间。近年来，随着购物中心朝着"体验式"消费发展，餐饮、休闲娱乐、儿童用品等的业态所占比例越来越大。

（4）功能布局特征

从各类业态的楼层分布来看，百货类一般在一层及五层的核心区域，拥有最佳的位置，一般占有项目的主出入口。而大型超市对位置的要求不是很高，可以选择在地下层的部分开设。另外，休闲娱乐区一般选择在较高的楼层进行

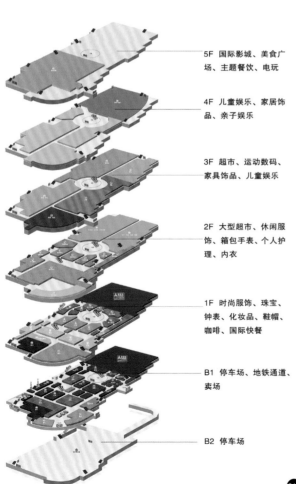

5F　国际影城、美食广场、主题餐饮、电玩

4F　儿童娱乐、家居饰品、亲子娱乐

3F　超市、运动数码、家具饰品、儿童娱乐

2F　大型超市、休闲服饰、箱包手表、个人护理、内衣

1F　时尚服饰、珠宝、钟表、化妆品、鞋帽、咖啡、国际快餐

B1　停车场、地铁通道、卖场

B2　停车场

215

216

配置，而餐饮则可高可低灵活布局。大型商业所必需的停车位，一般都采取"地下＋地上"的方式解决。地上部分临时性停车，而在地下一层或地下二层、三层建设大型停车场。

二、购物中心规划开发过程

购物中心项目的规划开发过程一般要经过：（1）项目选址、（2）前期策划分析、（3）目标市场的选定、（4）项目招商、（5）建筑规划设计、（6）室内设计、（7）销售策划推广、（8）广告策划、（9）物业管理前期介入等几个环节。

"项目选址"与"前期策划分析"环节是购物中心规划设计的核心环节，主要工作包括全面开展市场调研、对项目进行准确的产品定位、加强产品策划力度、进行经济测算等。

"目标市场的选定"的环节以"前期策划分析"环节的数据

217

217 218 购物中心规划开发过程。

第一环节	项目选址	符合城市规划要求
		地形特点
		商业环境及消费人群
第二环节	前期策划分析	宏观市场环境分析
		区域商业环境分析
		目标消费者行为分析
第三环节	目标市场的选定	细分市场选定
		目标消费者选定
		产品定位选定
第四环节	项目招商	主力店(如百货公司或超市)的招商
		专业店品牌的招商
		中小型店铺的招商
第五环节	建筑规划设计	整体规划
		建筑立面及平面设计
		建筑设施设计
第六环节	室内设计	商铺平面布局确定
		空调、灯光等系统设计
		天花、地面及立面装饰设计
		展示道具设计、坐具设计
		视觉识别系统设计
		多媒体应用设计
		艺术陈设设计
第七环节	销售策划推广	针对产品，组织有效的销售活动策划
第八环节	广告策划	项目形象的表现、项目理念的传达
第九环节	物业管理前期介入	对日后的运营和管理提合理化的建议

218

107

Chapter 1 概论　Chapter 2 商业空间的空间构成　Chapter 3 商业动线　Chapter 4 商业空间的艺术风格　Chapter 5 商业空间的色彩　Chapter 6 商业空间的材质　Chapter 7 商业空间的照明　Chapter 8 商业空间的展示道具及坐具　Chapter 10 商铺设计　Chapter 11 商业街设计　Chapter 12 优秀学生作业

前期策划分析、目标市场的选定　→　项目招商　→　建筑规划设计/室内设计 219

为基础,需选定购物中心项目的"目标市场"包括细分市场的选定、目标消费群的选定、产品定位的选定等。

"项目招商"是重要环节,对符合相关项目定位及目标市场的主力店、专业品牌店等进行招商。

"建筑规划设计"环节的开展。"项目招商"环节完成后,购物中心的功能规划和经营规模基本明确。这个时候,才能根据项目整体定位、细化消费市场定位、招商的主力店面积及空间功能要求等因素,委托建筑设计院进行针对性的规划及设计。

最后,开展"室内设计""广告策划""销售策划推广""物业管理前期介入"等环节,使得购物中的规划设计职能等更加完善。

三、购物中心的铺位布局规划与人流动线设计

1.铺位布局规划

铺位划分需实现实用、利润、形象的统一。科学合理的商场铺位划分,不仅仅要体现商品组合的丰富多样,还必须考虑到经营商家的实用性与合理性,同时也要兼顾到独立铺位与整体商场的协调性与互动性。科学合理的铺位划分将会使经营商家的经营利润得以充分体现,使商场的形象更为鲜明、层次更为丰富,同时也将使得消费者的消费行为过程更加自然顺畅和轻松愉快。

铺位布局应遵循的原则如下。

(1)招商引进主力店,合理布局主力店的位置,利用主力店的影响力带动周边小商铺的人流量。

(2)面积按定位划分。应根据整个商场定位划分商铺的面积。

(3)研究目标消费者的行为,按其消费习惯进行不同业态的铺位布局。

(4)使用率适中。商场的实际商铺使用面积与建筑面积之比称为使用率。一般中档商场的使用率为60%,中低端商场的使用率达到65%,而高档商场使用率相对较低,基本在50%左右。

包围型店铺布局

风车形布局

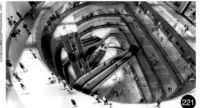

哑铃形布局

L 形布局

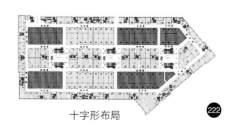

十字形布局

2. 人流动线设计

（1）平面人流动线规划

平面布局的形态

大型购物中心的平面基本布局形式是：百货店、超市等作为主力店布置在购物中心的两端，沿步行街布置各类专卖店或商店。另外，在长的步行街上隔一段距离布置有相当集客能力与吸引力的主力店，以使人们不断地有兴趣走下去，这也是重要的人流动线组织手段。

主力店是购物中心的灵魂店，其本身的知名度与经营特色是购物中心主要的魅力之一。主力店对于引导人流起着关键作用，其布局直接影响到购物中心的形态，被称为"磁极"与"锚固点"，而把主力店放在步行街的尽端是人流动线设计的主要手段之一。

购物中心主要的四种平面形态：

A. 风车形布局

B. 哑铃形布局

C. L 形布局

D. 十字形布局

这种分类是按主力店的位置和数量来区分的，第一类风车形布局与第二类哑铃形布局，主力店一般为两个，布置于商场平面的两端。第三类L形布局，主力店为三个，布置于商场平面的两端及中间。第四类十字形布局，主力店为四个，分别布置于商场平面的四角。

中庭对平面人流动线的作用：

中庭设计在购物中心中的作用非常大，它在购物中心平面人流动线、垂直人流动线、空间及环境设计中都占据着至关重要的作用。

⑳ 铺位布局规划。

㉑ 高档商场使用率基本在 50% 左右。

㉒ 购物中心主要的四种平面形态。

㉓ 主力店的知名度与经营特色是购物中心主要的魅力之一。

㉔ "不规则形"的中庭空间。

㉕ "圆形"与"方形"的中庭空间。

㉖ "一大一小"。

㉗ "一大二小"。

㉘ "一大三小"。

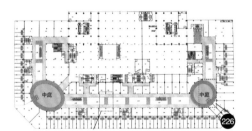

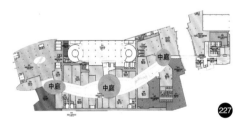

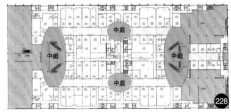

中庭主要有"圆形""方形"及"不规则形"几种形态。一个购物中心可以根据需要设计多个中庭，各中庭大小不同。通常有"一大一小""一大二小""一大三小"等多种形式。

中庭设计旨在营造购物中心的中央空间，中庭是购物中心交通量最大的一个点，在策略地位上用来提高购物中心的人流量。由于中庭有中空通透的效果，对提高消费者对各层商铺的可见性、可达性起到非常重要的作用。

中庭的装饰设计往往都非常精彩，富有极强的视觉冲击力。而配合设置饮食区、儿童商品与游戏区、流行时尚与促销商品区、运动用品区、电影院等聚集人气的空间。消费者身处在中庭空间时，将经历愉悦与丰富的视觉享受与购物享受。

规划商铺布局时，尽量减少第二排店铺。高档的购物中心都采用沿步道或中庭布置店铺的方式，使多数店铺成为"第一排店铺"。

（2）垂直人流动线设计

垂直交通组织

垂直交通工具主要有三种：自动扶梯、电梯、步行楼梯，是垂直人流运动的载体。

购物中心里的自动扶梯充当了最重要的垂直交通工具。自动扶梯通常布置于中庭，多数采用剪刀形上下，自动扶梯一般每隔20~40米布置一组上下梯，以方便人群上下流动，使人们经过较多店铺。

A. 提供购物中心人流向上的方式和连续动线。

B. 对购物中心起到人流引导、拉动的作用，将顾客的视线拉向高处。

C. 扶梯是购物中心这个固定的空间和室内流动着的人流之间的交汇，表现着空间内的流动感。

D. 扶梯上的人可以站在扶梯上看到各层商铺和各层购物的人，是各层人流和商铺之间的视线交点。

E. 顾客在扶梯运输的过程中能够全景式地体验购物中心的空间装饰和氛围。

229 中庭的自动扶梯与步行楼梯。

230 中庭的电梯快速输送消费者到另一个楼层。

231 在中庭空间里巧妙地安排一些聚集人气的机构，如"溜冰场"。

232 中庭是整个空间序列中的最高潮，是购物中心的焦点场所。

电梯是购物中心次重要的垂直交通工具。一般购物中心设有1~4部电梯，电梯通常集中布置在中庭或者购物中心平面的边角处。由于电梯起到快速输送消费者到另一个楼层的作用，对于购物中心延长消费者的动线距离与停留时间没有帮助，所以设计电梯时，一般考虑设置在消费者中不易发觉的区域，以促使消费者尽量使用中庭的自动扶梯为垂直交通工具。

步行楼梯一般作为辅助的安全通道，消费者一般选用自动扶梯或者电梯为垂直交通工具，步行楼梯很少被消费者使用。

中庭是垂直交通组织的关键点

A. 中庭是整个空间序列中的最高潮，是购物中心的焦点场所，是最能刺激逛街人潮在楼层间进行垂直移动的场所。中庭也自然成为布置竖向垂直交通工具的最佳场所。

B. 在中庭可以构造出戏剧性的垂直动线效果，大大增强吸引力。如果在中庭空间里，巧妙地安排一些机构，作为吸引逛街人潮的卖点（如可供饮食的空间、溜冰场），就能达到目标。

C. 将餐饮、卡拉 OK 及主力店设置于较高楼层，是吸引消费者选用垂直交通工具向上层走的常用手段。

垂直商品组合对垂直人流动线的影响

A. 不同的主力店铺安排在不同的楼层，依靠不同主力店铺特色吸引消费人群上下，这种方式广为应用。

B. 有些主力店往往不是占满某一层，而是占据几个层面的一半或几分之一。这样布置的好处是使主力店在多个层面发挥作用、汇聚人流，这种组织人流方式应用非常广泛。

C. 在较高楼层布置一些景点、设置少量休息座椅等，也是引导人流流动的有效手段。

D. 在较低楼层扶梯处竖立位于较高楼层的主力店铺的广告牌，以吸引人流向上。

E. 现代许多购物中心的电影院入口位于首层，但出口均在较高的层次，这也是引导人流向上走的方法。

四、购物中心各空间的设计要素

1. 入口的设计要素

入口为进入购物中心的第一处场所，为室内与室外的转换空间，对于购物者而言，这是建立购物中心形象的首站。因而设计的重点应在于利用艺术主题雕塑、植栽、座椅、水池、铺面、指标等地景设施，营造欢迎、愉悦的气氛，以提升购物欲。同时也以空间设计及地景设施配置的方式，塑造出清晰的购物路线指示，使购物者进入购物中心后能清楚地了解自身所在及欲往的方向。

2. 中庭的设计要素

中庭是购物中心的交通中枢及视觉焦点，具有视线引导、休息、展示、表演等功能。中庭同时也是一个重要的空间指标，使购物者了解自身在购物中心空间中的位置。若购物中心内有一个以上的中庭，那么在设计时除了在建筑设计上尽量区分各中庭的形状、高度外，还应使地景设施配合不同主题的设计，使各个中庭空间能各有不同的设计特色，以便购物者辨识，成为商场中的空间指标，起到在空间中寻求定位的作用。

由于中庭相对于购物中心内其他空间而言，具有高大空间的特性，因此在地景设计上应适应此特性，而做强调立体的规划，如采用较大尺度的植栽、高度较高的水景等。且可利用地景设施配置一系列的视觉主题，引导购物者的视线，建立购物中心的形象。

3. 楼面装饰的设计要素

购物中心若具有多层楼面，面对中庭挑空的楼面部分，也应属于重点的装饰区域。楼面装饰风格应与中庭的设计相配合，共同塑造具有整体性的空间景

233 购物中心入口可设置艺术主题雕塑、植栽、座椅、水池、铺面、指标等地景设施，营造欢迎、愉悦的气氛。

234 中庭主题艺术装置，是购物中心的一个重要的空间指标，起到活跃气氛的作用。

235 面对中庭挑空的楼面部分，也被视为中庭的一部分，属于重点装饰区域。

236 走道可以设定不同的主题，其特有设计形象可以暗示每个不同主题的商业分区。

237 店面与橱窗具有强烈的视觉冲击力。

观。艺术造型、灯光、新颖材质的表现、巨型画幅等都是可以应用的素材。

4. 走道的设计要素

购物中心分区的走道，一方面担负平面动线的功能，引导消费者到达购物中心各个区域；另一方面，走道可以设定不同的主题，其特有的设计形象可以暗示每个不同主题的商业分区，使得消费者在购物中心中具有位置感。

设计走道时，需要充分考虑消防、空调等设备。而选择装饰材质时，也需要充分考虑消防的标准。

5. 店面与橱窗设计的设计要素

店面与橱窗是商业环境中最凝练、最具表现力的"诗化空间"，具有强烈的视觉冲击力。大多数购物中心内的专卖店，使用玻璃作为隔断，开敞的空间与个性化的橱窗能展示商品的时尚信息，刺激人们的购买欲望。

6. 视觉识别系统的设计要素

现代商业空间的视觉识别系统包括商场的企业形象标志、商场的交通指示标志、商品指示标志、整体促销与广告等。其中商场企业不仅反映在商业建筑上，如招牌、匾额等，也融汇于商业空间及其服务设施上，如服务台、收银台、购物袋、商场宣传册等。交通指示标志用于指引通道路径，标明电梯、楼梯、卫生间、紧急出口等位置，应该简单、明了、易识别。

商品指示标志包括商品部门楼层分布指示图、各品牌Logo、品牌商品促销广告等。整体促销与广告，包括商场根据季节、节日等安排的临时性促销活动的海报、吊旗、吊牌等。

7. 多媒体设计要素

商业空间展示，已经从单一的环境设计延伸到综合环境、感官、情感等多因素全方位的设计。应用了多媒体技术的商业空间以数字图像为核心，运用全息投影、互动触摸屏、虚拟漫游、视频技术、网络技术等高科技，通过多媒体软、硬件结合，强调时尚感、趣味性、互动性和沉浸感，呈现出不同的情景化空间体验。应用了多媒体技术的商业空间，拥有传统商业空间无可比拟的优越性。

（1）声音媒体的应用：声音能补充图像和动画中不能完全表达的意思，不但能大大增强多媒体演示的感染力，而且也有助于观众对演示内容的理解。

（2）影像动态媒体的应用：视频图像和动画能大大增强多媒体演示效果，有助于观众更好地接受信息。影像内容应该强化要点，突出产品的品质特征或企业形象；视频界面和造型设计要新颖独特，与环境融合。

（3）触摸媒体的应用：人体的磁性和体温的变化会使特殊材料制成的触摸媒体显示屏发出不同色光，显示出数字和符号信息。触摸媒体技术在未来的应用前景会非常广阔，其界面设计的新趋势是从 LED 和红外线传感器两者结合的技术转向更具交互性的内部芯片界面。

（4）交互性媒体的应用：多媒体技术不同于传统媒体之处，就在于信息的动态更新和即时交互性。在多媒体技术的氛围中，人们已经不再满足于被动地接受信息的安排，而是要求主动地参与到信息的交流和接收的过程中去，这样就造就了人们对于交互性的追求。

238 多媒体强调时尚感、趣味性、互动性和沉浸感，呈现出不同情景化的空间体验。

238

🔍 **课堂思考**

1. 购物中心在商业动线设计上应该注意哪些方面？
2. 选择当地一个年代较久的传统购物中心，进行重新优化改造设计。

Chapter 10

商铺设计

一、商铺的类型 117

二、商铺设计要点 118

商铺主要是零售企业进行商品经营的空间,商铺的设计布局及风格等依照经营商品的范围和类别,以及目标消费者的习惯和特点来确定。

商铺是专门用于商业经营活动的商业空间。本章概括地介绍了"商铺的设计概念""商铺的类型"及"商铺的尺度",并着重分析"商铺设计要点"。

　　商铺是专门用于商业经营活动的商业空间,是经营者对消费者提供商品交易、服务及感受体验的场所。商铺是零售企业为进行商品经营而创造的环境条件。商铺的设计风格应依照经营商品的范围和类别,以及目标消费者的习惯和特点来确定。

　　当代消费者的消费行为日益表现出个性化、情感化和直接参与等偏好,注意力也从注重产品本身转移到接受和使用品牌的感受,以及对彰显个性的需求,而"体验式商铺"也越来越受到消费者的欢迎。不同于以往的零售经营模式,体验式零售的核心是从消费者的体验角度入手,满足消费者的需求。消费者不再是被动的、被施与的角色,而是主动参与到愉悦的购物体验过程中。

体验式商铺形象
EXPERIENTIAL STORE IMAGE

239 商铺是专门用于商业经营活动的商业空间,也是消费者感受体验商品的场所。

一、商铺的类型

　　商铺内的有效空间分为卖场与非卖场两大部分。卖场指用于陈列商品和进行商品交易的空间,非卖场是指楼梯、电梯、卫生间、休息室、办公室、仓库等占用的空间,两者的比例应为 7:3。

　　根据商铺的经营规模及销售模式,商铺可以分为以下三种模式类型。

1. 商场型商铺

　　经营规模较大,经营面积通常在几千平方米之上,分单层或多层销售空间进行某一类型商品的销售。商品时尚性强,档次齐全,可满足需要此商品的不同消费层次、不同年龄层顾客的需求。

　　装饰特点:装饰档次较高,注重商品陈列形象和品牌效应。从商场的外部形象到内部空间造型以及货柜陈列都应显示出富有品质感的整体商业形象。

2. 专业型商铺

　　经营面积在 10 平方米至 120 平方米之间;经营项目是某一种特定商品,具有一定的专业代表性,但仍属于面向大众消费型的商铺,如数码产品店、运动商品店等。

　　装饰特点:装饰档次属于中档装饰层次,实用简洁,突出产品功能性。

3. 品牌型商铺

　　专营某一品牌或某一知名企业生产的系列商品,常以连锁店的形式出现。

　　装饰特点:小而精是其装饰设计的特点,特别注重突出商品或公司的商标及品牌名称。为使人容易记住它们的标志,常将各品牌连锁店的门头造型和色彩统一为同一种形式。店内装饰档次较高,高雅大方,整洁统一,具有潮流感。陈列形式与货柜造型有特色,极讲究品位与文化,富有个性。

240 商场型商铺。
241 专业型商铺。
242 品牌型商铺。

二、商铺设计要点

一般来说,商铺设计内容包括了商铺外观设计、商铺内部环境设计、营业布局和商品配置、商品陈列等内容。不同的零售业态对商铺设计的内容和档次有着不同的特定要求。

1. 商铺外观设计

顾客走近商铺,首先映入眼帘的就是商铺的外观造型及橱窗装饰。外观造型设计将使消费者产生对商铺的第一印象。因此商铺的外观造型及装饰必须独具风格,具有强烈的艺术性和时代感,以创造突出的企业形象效应。同时还要注意与周围的商铺相协调,并符合商场整体风格的要求。

商铺外观设计主要考虑因素有造型、高度、装饰材料及色彩等,具体要求安全、实用、先进、新颖、独特。而临街商铺可以考虑配置绚丽多姿、变幻闪动的彩灯、射灯装饰。

243 外观造型设计将使顾客产生对商铺的第一印象,也是商铺吸引顾客注意力的第一亮点。

244 商铺的招牌必须醒目突出,能见度高。

2. 招牌设计

招牌是展示店名的形式,起到引导消费者来店,又便于加深记忆和传播的作用,是商铺吸引消费者注意力的第二亮点。因此商铺的招牌必须醒目突出,能见度高,尽量让消费者在远远望见商铺的同时或再走近些就能看到。招牌字体、大小、色彩的选择要与商铺的风格一致。

3. 商铺的销售展示空间布局与动线

商品的价格和档次也决定了销售展示空间的布局方式与其动线组织。价格档次较高的商品,如珠宝、高档手表、名贵药材等,一般要求商品销售展示空间装修精美、装修材料档次较高。空间布局一般采用"封闭式"的展示布局形式,商品都放置在封闭的展柜中,由服务员进行"一对一"的销售服务。

中高档的商品,如服装、电脑产品等,一般要求商品销售展示空间装修整齐明快、装修材料中档耐用。中档商品一般采用"接触式"的展示布局形式,商品放置在销售通道两侧,服务员陪同消费者进行试穿、试用等商品体验服务。

中低档的商品,如日用品、小零食等,一般对销售空间装修水平要求不高。设计要求简洁耐用,尽量节省成本,一般采用"环游式"

245 封闭式布局: 珠宝店通常采用"封闭式"布局。

246 接触式布局: 服装店通常采用"接触式"布局。

247 环游式布局: 超市通常采用"环游式"布局。

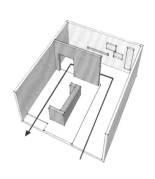

的展示布局形式。如超级市场的布局模式,商品自由陈列在开放的货架上。消费者在商场中自由行走,自由选择。

4. 商铺通道设计

商铺内主副通道的设置要合理,必须考虑合适的位置和宽度,既要保证客流、货流畅通,又能起到引导消费者走遍全场的作用,不留经营死角。大型超市的主通道一般要保持 2500~3000 毫米的宽度,副通道要保持

119

Chapter 1 概论

Chapter 2 商业空间的空间构成

Chapter 3 商业动线

Chapter 4 商业空间的艺术风格

Chapter 5 商业空间的色彩

Chapter 6 商业空间的材质

Chapter 7 商业空间的照明

Chapter 8 商业空间的展示道具及坐具

Chapter 9 购物中心设计

Chapter 11 商业街设计

Chapter 12 优秀学生作业

1500~2000 毫米的宽度。而面积较小的店铺，如服装店铺设计主、副通道宽度时，各服装店应根据男、女顾客比例及店内人流量，选择合适的通道宽度值。原则上，主通道的基本宽度不应小于 1200 毫米（两名女顾客并肩通过的基本值），副通道的基本宽度不应小于 650 毫米（一个人正向通过的基本值）。大型商铺及营业厅的主副通道宽度可达 6000 毫米左右，接近电动扶梯的出入口的商铺前区也要留有适当的空间面积，至少在 20 平方米以上，以保证客流畅通、安全。

5. 商品配置

零售商店的商品配置是将所经营的各类商品精心规划安排在最适合的部位进行陈列和销售。主要采取四种方法进行科学配置。

（1）按消费者进店后的流动路线规律和"磁石理论"进行配置

消费者光顾商铺一般按照"入店 > 门厅和卖场开端 > 主副通道 > 特定商品群 > 审视比较 > 挑选商品 > 付款 > 出店门"这样一个流动顺序。据观察，进店的消费者中多数只在店内 60% 以下的区域里走动。因此，有必要根据消费者流动特点和消费心理设计"磁石卖场"，有效地诱导消费者尽量多走过一些卖场面积，以提高商品的曝光率，增加销售的机会。

所谓"磁石"，即商铺内比较吸引消费者注意力的位置。磁石理论的运用，就是在各个吸引消费者注意的部位配置适宜的商品，以引导消费者走向商铺深处，逛完整个商场，并刺激消费者的购买欲望，扩大商品销售量。不同的磁石点对消费者产生的吸引力强度不同，可依次分为第一磁石点、第二磁石点、

248 商铺通道尺寸示意图。

249 "磁石卖场"的配置要点分析图。

| 3000 毫米 | 2000 毫米 | 1200 毫米 | 650 毫米 |

248

磁石点	店铺位置	配置要点	配置商品
第一磁石点	位于卖场中主通道的两侧，是消费者的必经之地，是商品销售最主要的位置	由于特殊的位置优势，不必刻意装饰即可达到很好的销售效果	主力商品；购买频率高的商品；采购力强的商品
第二磁石点	穿插在第一磁石点内	有引导消费者到卖场各个角落的任务，要突出照明度和陈列装饰	流行商品；色彩鲜艳；季节商品等
第三磁石点	位于中央陈列架两端的货架	是消费者接触率很高的位置，盈利机会高，应重点配置，商品三面摆放	特价商品；高利润商品；促销商品
第四磁石点	卖场中副通道两侧	重点以单项商品来吸引消费者，需要在装饰手法及促销方法上刻意突出	热销商品；广告商品
第五磁石点	位于收银台前区中央位置，是非固定卖场	堆头的方式呈现，能够引起一定程度的消费者注意，烘托门店商业气氛，堆头的商品需要不断地更新	用于节日促销，特卖商品，大型展销

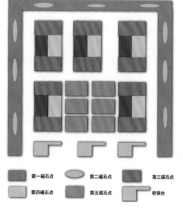

第一磁石点　　第二磁石点　　第三磁石点
第四磁石点　　第五磁石点　　收银台

249

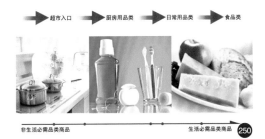

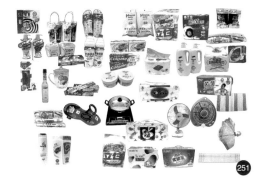

250 商品布局应按厨房用品 > 日用品 > 食品的顺序进行配置。

251 按商品的关联性进行商品配置。

252 按商品的盈利水平高低进行商品配置。

第三磁石点、第四磁石点、第五磁石点等。

（2）按商品对于消费者生活的重要性和消费者购买习惯进行配置

商铺内商品对消费者生活的重要性依次为：食品 > 日用品 > 厨房用品。消费者的购买规律可分为习惯性购买和随机性购买。习惯性购买的商品，是指消费者每天生活的必需品，如食品和蔬菜。随机购买的商品，是指消费者看到后才产生购买念头的商品，如锅碗瓢盆、衣帽鞋袜、家具寝具等家庭用品类。随机购买时商品的"曝光率"决定着它的销售成交率。

因此商品布局应按厨房用品 > 日用品 > 食品的顺序进行配置。一是可诱导消费者走完整个卖场；二是可提高非食品类商品的有效曝光率，增加其销售的机会，从而提高营业收益。

（3）按商品的关联性配置

商铺应将有关联性的商品相邻配置，如服装与鞋帽相邻配置、床上用品与装饰面料相邻配置、钟表照材与珠宝首饰相邻配置、文化用品与体育用品相邻配置等。关联性强的品种也应连带陈列和销售。

如衬衫与领带、领带夹，鞋与鞋油、鞋刷、鞋垫，手表与表带、电池等，既令人感觉自然和谐，又可方便购买、扩大销售。应注意将同类商品和关联商品在同一通道两侧排面配置，以便让消费者同时看到和挑选。不可在同一个货架的两侧摆放商品，而让消费者绕着货架寻找。

（4）按商品的盈利水平高低进行配置

商铺应将销售额和利润额较高的商品，安排在最好的陈列位置进行销售。效益相对较低的商品，可依序安排在高层和相对位置较差一些的地方。原则上，盈利水平高的商品所占营业面积适当大些，反之小些，让有限的商铺空间的面积尽可能获得更大的收益。

6. 环境气氛设计

（1）照明设计

商铺照明灯的数量和分布要合理，既保证有足够的亮度，又不可过于强烈，应给人以明亮、柔和、自然、舒适的感觉。为了突出展示商品，可设置有特殊效果的照明灯，如聚光灯、射灯和色灯等。

（2）色彩设计

商铺内的装饰色彩是企业形象设计的组成部分，要求柔和协调，并突出主色调。在美化商铺的同时，利用土色调构成企业的色彩形象，加深消费者的识别和记忆。商铺内的色彩设计要考虑与商品的搭配，既衬托商品又不喧宾夺主；还要考虑季节变化，冷暖色调适宜。

（3）音响设计

商铺内的音响广播对商品经营和服务起到重要的辅助作用,如优美的背景音乐、早上开门时播放迎宾曲、晚上闭店前播放送客曲等。合适的音乐播放表达商铺对消费者的尊重和感激之情,拉近了商铺与消费者之间的情感距离,烘托出轻松恬静的购物气氛。适时播放新商品信息和促销活动信息,可引导消费者购买和参与,促进销售,也可为消费者播放失物招领或寻人启事,帮助消费者排忧解难。

7. 商品陈列技巧

商品陈列应与POP广告、环境装饰物相结合,将独特鲜明的品牌主题背景、精美典雅的饰物点缀、柔和明亮的灯光装饰、新颖别致的陈列设施与商品协调一致,营造出高雅浓郁的生活气息和强烈的时代特征。商品陈列不仅突出商品,同时发挥了提升生活品位、美化商业环境、引领消费潮流的导向功能。

如百货商场内可用特制的具有广告功能的艺术形象柜、展架等展示道具展示商品,还可直接用商品堆出艺术造型,突出主题化、个性化的艺术效果。

高水平的商品陈列技巧,对商品经营和服务起到极为重要的支持作用,使消费者走进商铺如同置身于一个艺术殿堂,在购物的同时还获得了轻松愉快的精神享受,在潜移默化中融洽了商铺与消费者之间的感情。

🔍 课堂思考

1. 商铺的类型有哪几种?分别有什么装饰特点?

2. 选择一个典型商铺平面,进行连锁专卖店室内设计,掌握其设计技巧。

253 照明灯的数量和分布要合理,应给人以明亮、柔和、自然、舒适的感觉。

254 利用主色调构成商铺的色彩形象,强化消费者的识别和记忆。

255 商品陈列应与POP广告、经营部位的环境装饰及气氛烘托相结合。

256 商品陈列要随时保持整洁丰满和艺术美观。

Chapter 11

商业街设计

一、商业街的类型 ··· 124

二、商业街的布局组织与尺度 ······························· 127

三、商业街的设计要点 ·· 130

学习目标

商业街是城市社区生态圈的重要组成部分,是满足人们的日常生活消费与文化教育消费,同时为休闲生活与社交需求提供消费场所的街区。

学习重点

本章主要介绍了"商业街的类型""商业街的布局组织与尺度"等知识点,详细总结和阐述了"商业街设计要点"。

商业街又称街区式商业,在空间形态上与集中式商业相对应,物理属性上呈现出低开发强度、空间开放且具良好亲地性的特征。商业街是由许多商店、餐饮店、服务店共同组成,按一定结构比例规律设计的商业繁华街道,是一种多功能、多业种、多业态的商业集合体。现代商业街一般呈线性带状且总长在200米以上,各种专业商铺在30家以上。

商业街通常以入口至出口为中轴,沿街两侧对称布局,建筑立面多为塔楼、骑楼的形式。商业街业态既有集中和分散等经营模式,也有专业商业街和复合商业街等业态。商业街的尺度应该以消费者的活动为基准,重视消费者的心理感受,达到一个舒适亲切又富有新意的空间效果。

一、商业街的类型

基于消费功能角度,商业街区可分为复合型街区、休闲型街区、社交型街区等几类。

复合型街区:以满足家庭日常生活消费与文化教育消费需求为立街之本,同时为休闲生活与社交需求提供消费场所的街区,如上海大宁国际、上海金桥国际、海口上邦百汇城、成都优品道等。

休闲型街区:以满足休闲生活方式和社交需求为

257 基于消费功能角度的商业街分类。

258 商业街就是商业集合体,由许多商店、餐饮店、服务店共同组成。

257

258

目的，餐饮、娱乐休闲、配套服务以及精品购物四大功能相对均衡的街区，如新天地系列、武汉万达汉街、北京三里屯 VILLAGE 等。

社交型街区：以满足社交消费为目的，以大型商务餐饮和夜间娱乐等消费内容为主的街区，如北京三里屯、成都兰桂坊、1912 系列、苏州月光码头等。

从商业街经营规模和形态上分类，商业街大致分为四大类：有历史传统的步行商业街、大型中央商业街、社区商业街、专业特色商业街。

1. 有历史传统的步行商业街

许多城市的步行商业街都规划在城市有商业历史传统的街道中，如北京前门商业街、上海新天地、广州上下九路步行街、成都宽窄巷子商业街等。那些久负盛名的老店、古色古香的传统建筑，犹如历史的画卷，会为步行商业街增色生辉。而设计有历史传统的步行商业街时，要注意保护原有建筑风貌。

2. 大型中央商业街

大型中央商业街是经济发展到一定程度的产物，是大都市的商务核心区域，如美国纽约的曼哈顿、东京银座等。大型中央商业街是一个具有综合性功能的区域，包括金融、贸易、信息、展示、娱乐、写字楼及市政配套。中央商业街位于城市中的黄金地段，是经济和商业发展的中枢地带。

3. 社区商业街

社区商业街经常是同住宅建筑合二为一的，也就是底层商业。社区商业街总体规模小，是一种社区化的消费场所，以零售业为主，如超市、零售便利店、药店等等。社区商业街在首层商业空间与二层住宅空间之间常常用雨罩、骑楼、遮阳等形式，将商业空间与居住空间区分开，既能降低噪音和视觉干扰，也可使上下不同的建筑个性有一个明确的区分带。

4. 专业特色商业街

专业特色商业街就是在商品结构、经营方式、管理模式等方面具有一定专业性的商业街，分为两种类型：一是以专业店铺经营为特色，以经营某一大类商品为主，商品结构和服务体现规格品种齐全、专业性的特点，如文化街、美食街、电子一条街等；二是具有特定经营定位，经营的商品可以不是一类，但经营的商品和提供的服务可以满足特定目标消费群体的需要，如老年用品、儿童用品、学生用品等。

259

260

261

262

263

264

259 北京前门商业街。

260 广州上下九路步行街。

261 曼哈顿商业街。

262 东京银座商业街。

263 社区商业街主要服务住宅社区,规模较小,以零售业为主。

264 美食街作为专业特色商业街,是张光鲜亮丽的"城市名片"。

265 商业街体块布局模式。

127

概论 Chapter 1 | Chapter 2 商业空间的空间构成 | 商业动线 Chapter 3 | Chapter 4 商业空间的艺术风格 | 商业空间的色彩 Chapter 5 | 商业空间的材质 Chapter 6 | 商业空间的照明 Chapter 7 | 商业空间的展示道具及坐具 Chapter 8 | 购物中心设计 Chapter 9 | 商铺设计 Chapter 10 | 优秀学生作业 Chapter 12

二、商业街的布局组织与尺度

目前商业街区的布局组织方式有体块布局及流线布局两类。

体块布局指的是单铺的"街元素"与块状商业综合体组合后的形态,以及内部人流的动线组织关系。街区的体块组织形式由街区的功能定位、业态组织与主力租户需求三大要素决定。

而流线布局可大致分为三类:线性组织模式、网络组织模式和环形组织模式。内部流线体系的设计最大的原则是"利于流动,流动四方"。而水平动线设置的原则是:动线力求简单,强化秩序感,规避商业经营死角;强调主动线,结合广场节点、主力租户等带动辅线人流。

(1)线性组织模式:方向性强,客流集中,但需通过设置节点空间来降低消费者的枯燥感。线性组织模式适用于狭长的基地,在线形街区两侧布置店铺。优点:布局紧凑,通过效率高,方向性强。缺点:洄游性略差,单方向易造成一定的枯燥感。改善方式:可通过将街区设计成弧形来增强趣味性,在线上布置大型的节点来缓解消费者的枯燥感。

(2)网络组织模式:对用地的适应性强,但人流容易分散,需谨慎控制"网络"的数量与长度。网络组织模式适宜布置的基地为不同长度和形态,因为"网络"可灵活适应基地的不同形态。优点:基地利用率高。缺点:洄游性差,容易让消费者分散于各支路。改善方式:可通过谨慎地设计"网络"的长度、方向、交点等来改善。

(3)环形组织模式:方向明确,人流集中且回流性高,但需要在较为规整的用地上使用。环形组织模式适用于布置较宽松或者较规整的基地。优点:洄游性好,店铺可获得较为均等的被浏览概率,可提高销售机会,便于利用平面

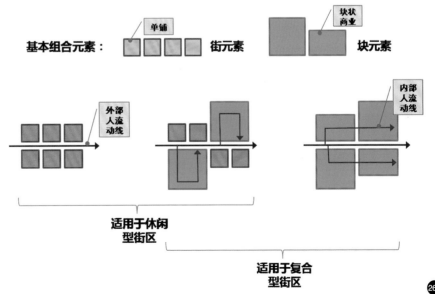

中明确的向心性来组织节点空间。

　　商业街的尺度应该以消费者的活动为基准,而不是以过往机动车为参照。购物消费者所关注的纵向范围主要集中在建筑一层,对一层以上的范围几乎是"视而不见"。横向关注范围一般也就在 10 米到 20 米之间;而超过 20 米宽的商业街,消费者很可能只关注街道一侧的店铺,不会在超过 20 米宽的范围内"之"字前行。

　　关于商业街的宽度与两侧建筑高度之间的比例关系,涉及与商业街空间的围合程度。围合程度由街道宽度(D)、商业街建筑高度(H)、消费者视角三个元素构成。

　　当空间围合程度很高,达到"全围合"时,街道宽度(D):建筑高度(H)=1,消费者以 45 度视角观看可以看到建筑顶部的招牌。"全围合"是消费者观察建筑细部最优的围合程度。

　　当空间围合达到"界限围合"时,街道宽度(D):建筑高度(H)=2,消费者以 37 度视角观看可以看到建筑顶部的招牌。"界限围合"时,消费者可观察到建筑的整体。

　　当空间围合达到"最小围合"时,街道宽度(D):建筑高度(H)=3,消费

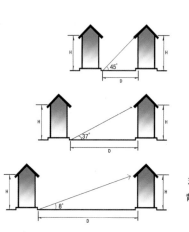

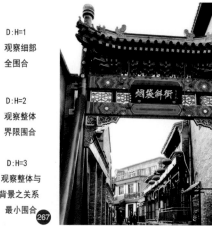

D:H=1
观察细部
全围合

D:H=2
观察整体
界限围合

D:H=3
观察整体与
背景之关系
最小围合

267

268

269

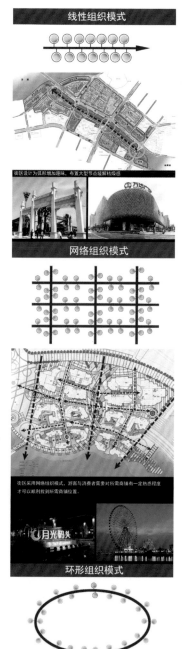

线性组织模式

街区设计以弧形增加趣味,布置大型节点破解枯燥感

网络组织模式

街区采用网络组织模式,游客与消费者需要对所需商铺有一定熟悉程度才可以顺利找到所需商铺位置。

环形组织模式

宽巷子、窄巷子和内街之间形成独立的回路,可以分别形成自身的环形组织体系。

266

266 商业街流线布局模式。

267 商业街围合程度由三个元素相互影响形成。

268 "全围合式"的传统商业街。

269 大型商业广场围合程度小，视野开阔。

270 欧洲的商业街既有宏伟的建筑外观，又有感人的细部设计。

271 细部的设计满足购物时消费者对商业街建筑的尺度要求、情感要求。

者以 8 度视角观看可以看到建筑顶部的招牌。"最小围合"使消费者可观察建筑的整体与周边环境的关系。

　　传统街巷商业街的 D：H 一般为 1，它让人产生内聚感，消费者可以观察到许多设计细节。中型商业街的 D：H 一般为 2，它让人产生安定感，消费者可以观察到整体建筑造型。大型商业广场的 D：H 一般为 3 或以上，产生开阔感，周边环境及商业街建筑天际线的设计都非常重要。

　　基于商业街尺度的研究，商业街的建筑外观造型的设计可以分为三个层面。第一层面是商业街两侧建筑的宏观造型，也就是天际轮廓线。许多著名商业街的外观轮廓往往都使人过目不忘，如巴黎的香榭丽舍大道、广州的上下九路商业步行街等。

　　第二层面是人在中距离上对建筑的感知层面，也就是建筑外观的中观元素。其中包括建筑开窗与实墙面的虚实对比、立面横竖线条的划分等。

　　第三个层面则是人到建筑近前、与建筑直接接触的微观层面。人所能感受的范围也就在一层高之内。这一层面上的设计重点应该是建筑的细部和材质的运用。

　　商业街的设计重点也应在首层外观的细部上，包括门窗的形式、骑楼雨罩的应用、台阶、踏步、扶手、栏杆、花盆、吊兰、灯具、浮雕、壁画、材质色彩与划分等等。建筑师的设计深度不应仅仅停留在第一个层面上，缺少细部的设计无法满足购物时消费者对商业街建筑的尺度要求，必然会空洞没有人情味。

三、商业街的设计要点

1. 商业街的空间限定

由于商业街的空间是开放的，和周边城区的交界比较模糊，因此在设计商业街的时候最好在入口、出口、中心及两侧设立明显的标志物或者标志建筑来限定空间。这样一来，消费者能感知自身在商业街内的空间位置，避免了在开放空间中常有的混乱与迷失感。

在商业街的入口和出口两端设立明显的标志物，如有特色的门廊、牌坊等等。在商业街的中央区域，可以有一座高耸的建筑物标示中心，如重庆的解放碑就成为重庆市渝中区中央商务区 CBD 的标志物。而商业街两端的标志建筑物确立了商业街的空间范围，也便于购物者发现对面的商业建筑，促进商业人流的流动。

人在商业街中漫步时，会进行各种形式的活动，时而漫步前进，时而停留观赏，时而休息静坐。因此商业街的空间大致可分为"交通空间"和"购物步行空间"。"交通空间"可用于快速前进、交通工具通行、列队行进等，而"购物步行空间"可用于购物、休憩、读书、等候及饮食等。对于商业街的空间而言，具有通过性、发散性的"交通空间"不易聚集人气，因此最好把"交通空间"与"购物步行空间"隔开。

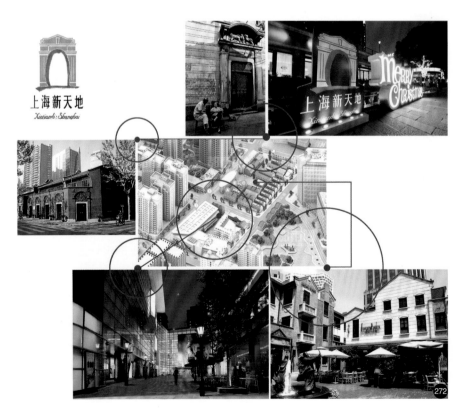

272 在商业街的入口和出口及重要的商业节点设立明显的标志物或者标志建筑。

273 风格迥异的铺面杂拼在一起，以极其的多元化而达到统一的繁华效果。

274 不同时期的建筑语言在商业街里和谐共生。

275 商业街的外观设计应该非常精细，以"室内化"的概念进行设计。

276 277 成熟的商铺外观设计应考虑改造外装的可能，预留店名、招牌、广告和其他饰物的位置。

2. 风格色彩的多元化

　　自然形成的传统商业街的诱人之处，在于其不同时期建造的、风格迥异的铺面杂拼在一起，以极其的多元化而达到统一的繁华效果。新设计的商业街往往因人为的统一而流于单调乏味。为追求传统商业街的意境，设计师应有意识地放弃简单地追求立面手法统一，甚至应刻意创造多种风格的店铺共生的效果。

　　不同风格的建筑单元拼在一起使人联想起小镇风情。即便是同样设计的不同单元，也可以通过材质、颜色的变化，加强外观差异化。商业街的魅力就在于繁杂多样立面形态的共生，这是商业街与大型百货商厦的区别，也是商业街的魅力所在。

3. 面材的软化与精化

　　商业街中的店家需要根据自身商业的性质特点，进行店铺外观的二次装修。所以商业街的建筑外观仅仅是一个基础平台。二次装修中，店家需要安装有个性的招牌，有特定的颜色、样式。而招牌、广告、灯箱等室外饰物往往成为建筑外观中最惹眼的元素。所以成熟的商铺建筑外观设计应考虑"二次装修"改造的可能，应预留店名、招牌、广告和其他饰物的位置。

　　为突出人情味，商业街表面构件上越来越多地应用了软性面材，例如篷布遮阳、竹木材料外装、悬挂的旗帜和其他织物招牌等饰件。这一趋势使得建筑立面设计更趋近装修装饰设计，也要求设计师不能停留在建筑框架的

设计深度上，必须以装修的精度来做商业街立面设计。换句话说，商业街的外观设计已经很室内化了。

4. 重视非建筑元素

　　商业街室外空间商业气氛的形成，主要取决于建筑的空间形态和立面形式，但也取决于一些其他建筑元素的运用。比如室外餐饮座、凉亭等功能设施，花台、喷泉、雕塑等景观，灯具、指示牌、电话亭等器材，灯笼、古董、道具等装饰，铺地、面砖、栏杆等面材，这些元素是商业街与人发生亲密接触的界面。

278 现代商业街越来越重视非建筑元素的设计，对商业气氛的形成起到积极的作用。

🔍　课堂思考

1. 商业街有哪几种类型？
2. 对当地的商业街进行重新设计规划，重新组织商业业态及优化空间设计节点。

Chapter 12

优秀学生作业

一、优秀学生作业 ………………………………………………………………… 134

学习基本的商业空间的观察方式及设计方式，了解商业空间的设计流程及设计表达。

本章主要介绍了部分优秀的学生商业空间设计作业，涵盖了商铺、购物中心、4S店等典型商业空间。这批作品在设计构思、前期调研、设计概念、设计方法的展开、设计效果图表现等各方面都比较完整、严谨，达到了《商业空间设计》课程的学习目的与教学要求。

一、优秀学生作业

《商业空间设计》是环境艺术设计的专业必修课程之一，是环境艺术设计本专科室内设计方向中重要的设计训练课程，其中以商业环境的设计基本原则、核心内容、设计方法程序与空间效果表现为主。通过课题训练，加强学生对商业空间的基本概念原理的掌握，加强对实际项目的操作能力，为学生今后的学习和工作打下基础。此章选登了部分优秀的商业空间学生设计作品，这些作品在对商业空间课题的理解、寻找问题及分析问题的能力、开展设计的过程与方法，以及最终的设计效果体现等方面，都有较优秀的表现。

设计风格

采用潮汕传统民居建筑格局与岭南风格相结合，在室内整体设计中加以统一与提炼，保留潮州木雕原有的特征性，并以新理念、新方式重新演绎潮州木雕精品店的意境。

设计元素

结合主题"水月繁花"，"水"——潮汕地区的母亲河"韩江"水，"繁花"——潮州木雕，从中提取了"水"元素与"木"元素，融入潮汕传统民居格局，将"水"与"木"淋漓尽致地体现在潮州木雕精品店的展示设计。

水元素

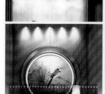

潮州木雕精品店效果图

前厅平面图

前厅

279 280《水月繁花》潮州木雕精品店设计。
作者：陈嫚丹

數碼森林
DIGITAL FOREST
—— 廣州崗頂數碼城室內設計
GUANGZHOU GANGDING DIGITAL MALL

公共空間
TUTOR 傅昕 DESIGNER 林澤鉐
王暉

Chapter 1 概论
Chapter 2 商业空间的空间构成
Chapter 3 商业动线
Chapter 4 商业空间的艺术风格
Chapter 5 商业空间的色彩
Chapter 6 商业空间的材质
Chapter 7 商业空间的照明
Chapter 8 商业空间的展示道具及坐具
Chapter 9 购物中心设计
Chapter 10 商铺设计
Chapter 11 商业街设计

01 缘起 ORIGIN

对现有商场公共区域的思考

1 功能单一化
传统商场只满足人们的购物需求。

2 经济效益差
商铺的可见性程度决定租金价值。

3 不符合主要消费群体购物习惯
缺少强视觉效果的造型, 聚集性和辨别性较弱。

Multimedia
Intervention
多媒体技术的介入

1 体验性
体验式动线更贴近消费心理, 优势更明显,
它不单单是为了让大家经历更多的店铺, 而是让消费者逛得舒心。

2 可见性
多媒体广告、互动体验等技术介入,
增强商铺的可见度, 提高经济效益和挽留潜在顾客。

3 可达性
"可见"才"可达";
多媒体交互技术与强视觉中心的造型结合,
吸引主要消费群体和提高自身知名度。

02 平面分析 PLANE ANALYSIS

中庭/中空　　体验店　　发布中心
垂直电梯　　扶手电梯　　楼梯

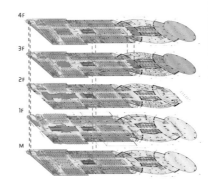

4F 3F 2F 1F M

03 空间形象 SPACE IMAGE

04 形象解析 IMAGE PARSING

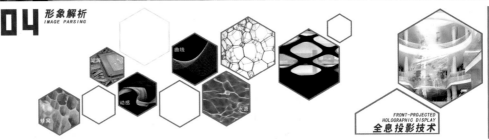

曲线　蜂巢　动感　水源
FRONT-PROJECTED HOLOGRAPHIC DISPLAY
全息投影技术

281 《数码森林——广州岗顶数码城室内设计》公共空间部分。
作者: 林泽铞

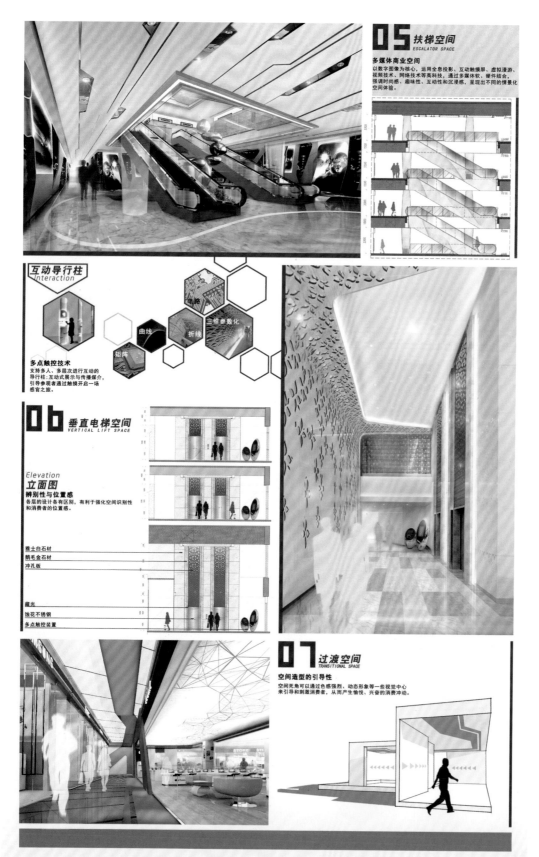

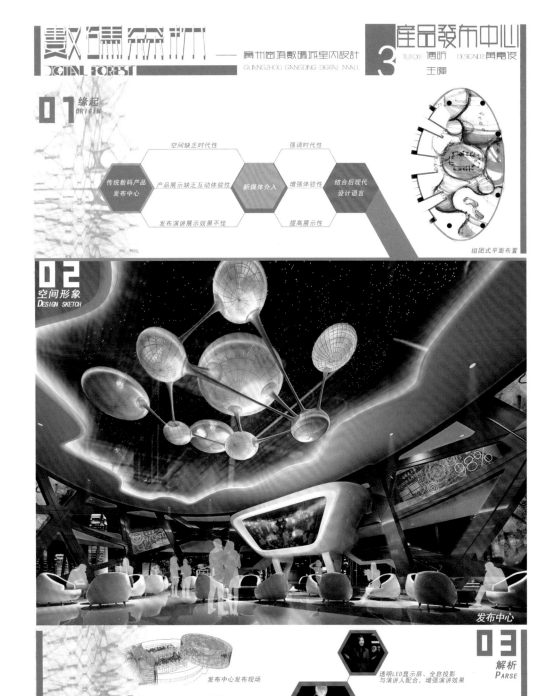

數碼森林 — 广州岗顶数码城室内设计
DIGITAL FOREST
GUANGZHOU GANGDING DIGITAL MALL

3 产品發布中心
TUTOR: 傅昕 DESIGNER: 黄嘉俊
王晖

01 缘起 ORIGIN

传统数码产品发布中心
- 空间缺乏时代性
- 产品展示缺乏互动体验性
- 发布演讲展示效果不佳

新媒体介入
- 强调时代性
- 增强体验性
- 提高展示性

结合后现代设计语言

组团式平面布置

02 空间形象 DESIGN SKETCH

发布中心

发布中心发布现场

03 解析 PARSE

动感折线造型

透明LED显示屏、全息投影与演讲人配合，增强演讲效果

通电变色透明玻璃课透明、变色、控光

人体捕捉感应器与人产生互动

互动体验装置

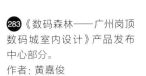

283 《数码森林——广州岗顶数码城室内设计》产品发布中心部分。
作者：黄嘉俊

Chapter 1 概论
Chapter 2 商业空间的空间构成
商业动线
Chapter 3 商业空间的艺术风格
Chapter 4 商业空间的色彩
Chapter 5 商业空间的材质
Chapter 6 商业空间的照明
Chapter 7 商业空间的展示道具及坐具
Chapter 8 购物中心设计
Chapter 9 商铺设计
Chapter 10 商业街设计
Chapter 11

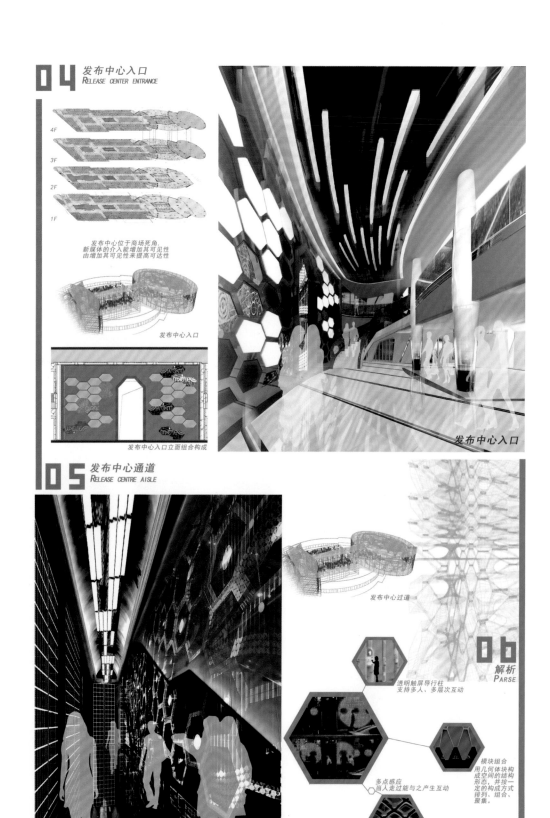

04 发布中心入口
RELEASE CENTER ENTRANCE

4F
3F
2F
1F

发布中心位于商场死角,
新媒体的介入能增加其可见性
由增加其可见性来提高可达性

发布中心入口

发布中心入口立面组合构成

发布中心入口

05 发布中心通道
RELEASE CENTRE AISLE

发布中心过道

06
解析
PARSE

透明触屏导行柱
支持多人、多层次互动

多点感应
当人走过能与之产生互动

模块组合
用几何体块构
成空间的结构
形态,并按一
定的构成方式
排列、组合、
聚集。

呼吸表皮
制造现代氛围

发布中心通道

《数码森林——广州岗
顶数码城室内设计》产品发
布中心部分。

作者：黄嘉俊

284

139
Chapter 1 概论
Chapter 2 商业空间的空间构成 商业动线
Chapter 3 商业空间的艺术风格
Chapter 4 商业空间的色彩
Chapter 5 商业空间的材质
Chapter 6 商业空间的照明
Chapter 7 商业空间的展示道具及坐具
Chapter 8 购物中心设计
Chapter 9 商铺设计
Chapter 10 商业街设计
Chapter 11

01 缘起 ORIGIN

1 业态分析

一般来讲，我们把商业业态划分为百货、超市、零售店、餐饮、休闲娱乐、其他六大系列。超市是商业项目聚集人流、消化面积的核心手段之一。对于大体量商业项目来说，一般都需要引进一家或多家超市作为项目的主力店。除了超市以外，百货也是许多项目的主力店的重要选择。在电脑城中，苹果旗舰店、索尼旗舰店等大型店面可理解为上述中的主力店。

关于项目业态的分布，其中一楼为：品牌电脑专卖店、"电脑医院"。二楼为：通讯手机专卖店、技术测评中心。三楼为：电脑手机配件店、电玩商店、动漫商店以及产品发布中心。四楼为：电脑手机配件店、电玩商店、动漫商店以及餐饮中心。其中的"电脑医院"、技术测评中心、产品发布中心以及餐饮中心是比较能聚集人气的一类型项目，将这些项目放在一些位置和价值不高的区块，反而能带旺周边商铺。

2 动线分析

平面形式的形态，室内步行街的形态；核心店与主力店的实力、数量及摆位置。在人流动线规划中，平面式的形态和核心店的布置往往一并考虑，密不可分。购物中心主要的四种平面形态：风车型哑铃型、L型、十字型等。

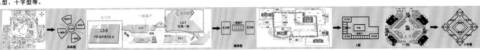

02 空间形象 DESIGN SKETCH

A区商业走道形象

B区商业走道形象

首层A区、B区商业走道平面图

03 解析 PARSE

二层C区、D区商业走道平面图

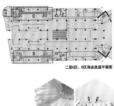

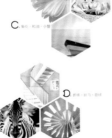

C区商业走道形象

D区商业走道形象

三层E区、F区商业走道平面图

E区商业走道形象

F区商业走道形象

04 体验式商铺
EXPERIENTIAL SHOPS

1 传统商铺分析

商铺是专门用于商业经营活动的商业空间，是经营者对消费者提供商品交易、服务及感受体验的场所。商铺是零售企业为进行商品经营而创造的环境条件。商铺的设计风格应依照经营商品的范围和类别，以及目标顾客的习惯和特点来确定，以别具一格的环境特色，将目标顾客牢牢引到商铺里来。

传统商铺一般以销售产品为主，因此商铺内的布局显得尤其重要，它对销售动线起到非常关键的作用。传统的商铺平面布局分为三种：1. 封闭式布局，封闭式布局对应的商铺有珠宝店、手表店等，这些店铺的产品相对高档。2. 接触式布局，接触式布局对应的商铺一般有电脑专卖店、高档服装品牌旗舰店等，消费水平偏向中等。3. 环游式布局，环游式布局对应的一般为较大型以及消费水平相对较低的商场百货。

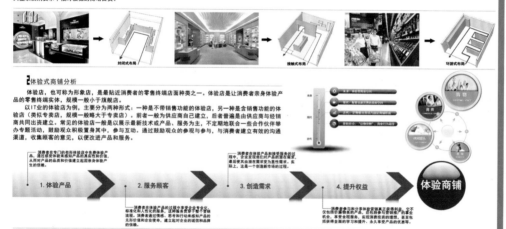

2 体验式商铺分析

体验店，也可称为形象店，是最贴近消费者的零售终端店面种类之一。体验店是让消费者亲身体验产品的零售终端实体，规模一般小于旗舰店。

以IT业的体验店为例，主要分为两种形式：一种是不带销售功能的体验店，另一种是含销售功能的体验店（类似专卖店）。前者一般为供应商自己建立，后者普遍是由供应商与经销商共同出资建立。常见的体验店一般是以展示最新技术或产品、服务为主，不定期地联合一些合作伙伴举办专题活动，鼓励观众积极置身其中，参与互动。通过鼓励观众的参观与参与，与消费者建立有效的沟通渠道，收集顾客的意见，以便改进产品和服务。

1. 体验产品   2. 服务顾客   3. 创造需求   4. 提升权益   **体验商铺**

05 体验式商铺形象
EXPERIENTIAL STORE IMAGE

二层体验商铺平面图

06 解析
PARSE

1.相互关系
Mutual relationship

用户體驗　　　　新的感知
（消费者網络.数字化生活）　（商業模式.品牌形象樹立）

空間媒介
（商業智能.数学技術.新媒體）

2.功能需求
Major functional requirement

◆ 企業形象　◆ 廣告播放　◆ 觸屏互動
◆ 洽談休閒　◆ 產品展示　◆ 網絡體驗

都市星辰
SAMSUNG EXPERIENCE CENTER
商業空間媒介設計　DESIGN PROJECT OF COMMERCIAL SPACE MEDIA

作　者：龔思穎
指導老師：傅昕、王暉

　　在"體驗經濟"的時代背景下，人們對展示設計產生了新的需求，人們到展示空間參觀已經不再是通過傳統媒介地獲取展品的信息，更重要的是通過參觀的過程獲得各種全身心的體驗。

　　因此，將"體驗設計"理念運用於商業展示設計，強調通過空間所提供的互動、模擬和可參與的環境，使觀眾的認知過程融入在參與遊戲或娛樂的體驗中，能夠讓觀眾的感性潛能在體驗中得到最大程度的激發，進而更有利於提升觀眾對展品的興趣，增強對展品的了解，起到獨特的推廣作用。

　　在整個"體驗營銷"過程中，"都市星辰"不僅承擔著產品展示與銷售的重要作用，更是展示品牌形象、提升口碑的重要渠道和空間媒介。用戶基數越大，體驗店作為與消費者直接溝通的紐帶作用也愈發凸顯。

3.关于行为
About behavior

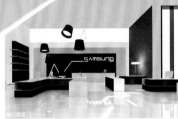

YOUR SAMSUNG STORE

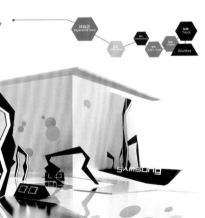

4.关于格调
Artistic style.

◆ 新品展區　前衛Samsung　科技　先鋒　摩登
◆ 核心展區　魅力Samsung　雅氣　精致　主流
◆ 核心體驗區　活力samsung　動感　新鮮　活潑

5.功能分区
Major funcional area.

主要功能區：　新品展區　核心展區　核心體驗區
配套功能區：　服務區　洽談區　貴賓室　倉儲空間

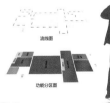

流线图

功能分区图

D-04 | 平面图分析 Plane diagram analysis

展会平面图

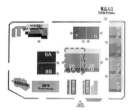

1A,2A为LEXUS展位位置。
1. 离入口出距离十分近，占一定区位优势，因此一层适合
开放式展示形式，留相对多的空白位置方便参观群众参观。
2. 在楼梯处应设置一些向导性的文字或符号，指引有兴趣
的人到二楼继续参观并激发购买欲望。

一层平面功能分区

车型1、2展示区
车型3展示区
车型4展示区
咨询区
人流活动区

二层平面功能分区

洽谈区
"时光走廊"
零部件展示区
楼梯

288 《雷克萨斯4S店室内
设计》。
作者：韩颖利

289 290 《凤凰于飞——商场室内设计》。
作者：李华杰

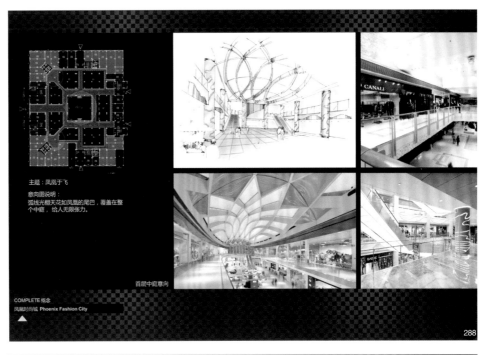

 课堂思考

1.以小组为单位，进行购物中心的室内设计，设计内容涵盖前期调研、商场业态分析、设计风格定位、商业动线的制定、公共空间设计、走道设计、商铺设计等方面。

课程名称: 商业空间设计
总学时: 12 节
适用专业: 艺术设计各专业方向

一、课程性质、目的和培养目标

　　本课程是艺术设计的一门重要的专业课,通过研究商业空间设计的特点、性质,引导学生了解和掌握商业空间设计的规律和表现方法,培养学生对商业空间设计的系统认知能力和基础设计能力。

二、课程内容和建议学时分配

周	课题内容	课时分配		
		每课节数	每周作业	分数
第一周	第一课: 概论 第二课: 商业空间的空间构成 第三课: 商业动线 第四课: 商业空间的艺术风格	4	4	40
第二周	第五课: 商业空间的色彩 第六课: 商业空间的材质 第七课: 商业空间的照明 第八课: 商业空间的展示道具及坐具	4	4	30
第三周	第九课: 购物中心设计 第十课: 商铺设计 第十一课: 商业街设计 第十二课: 优秀学生作业	4	4	30
合　计		12	12	100